Galileo

Einfach.
Mehr.
Wissen.

Galileo

Einfach. Mehr. Wissen.

Die packendsten Geschichten und spannendsten Facts

riva

Bibliografische Information der Deutschen Nationalbibliothek
Die Deutsche Nationalbibliothek verzeichnet diese Publikation in der Deutschen Nationalbibliografie. Detaillierte bibliografische Daten sind im Internet über https://dnb.de abrufbar.

Für Fragen und Anregungen
info@m-vg.de

Wichtiger Hinweis
Ausschließlich zum Zweck der besseren Lesbarkeit wurde auf eine genderspezifische Schreibweise sowie eine Mehrfachbezeichnung verzichtet. Alle personenbezogenen Bezeichnungen sind somit geschlechtsneutral zu verstehen.

Originalausgabe
1. Auflage 2024

Türkenstraße 89
80799 München
Tel.: 089 651285-0
Fax: 089 652096

Redaktion: Dr. Frauke Bayer
Umschlaggestaltung: Sabrina Pronold
Umschlagabbildung: Shutterstock.com: Toria; The Studio
Satz: inpunkt[w]o, Wilnsdorf (www.inpunktwo.de)
Druck: ScandBook, Litauen
Printed in the EU

ISBN Print 978-3-7423-2578-5
ISBN E-Book (PDF) 978-3-7453-2361-0
ISBN E-Book (EPUB, Mobi) 978-3-7453-2362-7

Inhalt

KAPITEL 1

Lebens-mittel & Essen

Tausende Tonnen landeten vorher oft im Müll: Warum wird aus Fischabfall ein Energydrink?

Auf Island gibt es einen Energydrink namens »Collab«, der wie seine geflügelten Artgenossen vom Festland süßlichen Geschmack und belebende Wirkung verspricht. Nur, dass er eben aus Fischabfällen hergestellt wird! Klingt verrückt, ist aber wahr, gesund und auch noch nachhaltig. Bei 90 000 Tonnen anlandendem Frischfisch im Hafen Reykjaviks überlegt sich Unternehmerin Hrönn Margrét Magnúsdóttir einst, dass man aus den Unmengen an Abfällen doch Kollagen machen könnte, ein für den Menschen wertvolles Protein. Zur Gewinnung werden die Tierreste gewaschen und aufgekocht, wobei sich während der Hydrolyse Eiweißteile aus dem Abfall lösen. Nach dem Filtern und der Reinigung erhält man reines weißes Kollagenpulver. Aus diesem entsteht zusammen mit Süßstoff und natürlichen Zusatzstoffen schließlich ein Getränk, das mit Geschmacksrichtungen wie Passionsfrucht oder Waldbeere nichts mehr vom übel riechenden Grundprodukt erahnen lässt. Den Isländern mundet es jedenfalls, sie trinken 2022 über acht Millionen Dosen des innovativen Produkts.

In jedem Sommer stellen sich Hobbygriller diese Frage: Wie grillt man das perfekte Steak?

Jedes Jahr träumen Millionen Deutsche am heimischen Grill vom perfekten Steak, merken dann aber oft, dass es gar nicht so einfach ist, eben jenes zu realisieren. Mit ein paar entscheidenden Kniffen ist man aber auf einem guten Weg: Da wäre zunächst einmal vor dem Braten der Drucktest, bei dem man mit dem Daumen das Fleisch gegen die Faser eindrückt. Bleibt der Fingerabdruck bestehen, ist das Fleisch gut abgehangen und eine wichtige Voraussetzung für ein kulinarisches Spitzenergebnis erfüllt. Holt man dieses gute Stück aus dem Kühlschrank, darf es aber noch nicht sofort auf den Rost. Kaltes Fleisch muss länger garen und läuft damit Gefahr zu verbrennen. Gleiches passiert schnell, wenn man die vorher einmassierte Marinade am Fleisch lässt. Sie sollte lieber mit einem Messerrücken vor dem Grillen abgekratzt werden. Kommt das Steak vom Grill, empfiehlt sich noch eine Prise Geduld. Durch kurzes Ruhen entspannen die Muskelfasern im Fleisch und binden damit Wasser, welches letztendlich für einen besonders saftigen Biss verantwortlich ist.

Was Ägypten schon lange weiß, macht jetzt auch Europa heiß: Wie gesund ist die Dattel wirklich?

Dass Datteln eine absolute Superfrucht sind, wissen die Ägypter schon seit Jahrtausenden, so lange schon gehören die süßen Delikatessen als fester Bestandteil zu ihrer Ernährung. Die auf Palmen wachsenden Früchte, die nach der Ernte 15 Tage lang unter Zeltplanen getrocknet werden, finden aber auch weltweit immer mehr Freunde. Ihre unnachahmliche Süße dank eines Fruchtzuckeranteils von 60 bis 80 Prozent macht sie zur echten Alternative für Süßigkeiten und zaubert gleichzeitig Veganern ein Lächeln auf die Lippen. Ihr gesundes Image verdanken Datteln außerdem den vielen Ballast- und Mineralstoffen, welche sie enthalten, und der Aminosäure

Tryptophan, die der Mensch zum Glückshormon Serotonin umwandelt. Noch nicht genug der Vorteile? Datteln schaffen es auch, dem Naschenden längere Zeit Energie zu geben, als es Zucker vermag. Aber Vorsicht! Das gute Image der Dattel machen sich etliche Hersteller zunutze und werten damit ihre Produkte auf, obwohl sie nur kleinste Mengen der Superfrucht enthalten. Also: Immer auf die Zutatenliste schauen, an welcher Stelle die Datteln stehen oder mit wie viel Gramm sie am Gesamtgewicht beteiligt sind!

Wohlschmeckende Abwechslung oder echte Alternative: Taugt die Jackfruit als Fleischersatz?

Schnitzel, Kotelett, Würstchen, Jackfruit? Klingt skurril, passt aber trotzdem. Denn das Maulbeergewächs, das traditionell aus Südostasien stammt und heute in weiteren tropischen Ländern wächst, geriert sich als echter Fleischersatz. In unreifem Zustand geerntet, kann man die ballaststoffreiche Jackfrucht als Curry, Gulasch oder Burger zubereiten und dann erinnert sie in Sachen Konsistenz und Geschmack tatsächlich an allerlei tierische Gerichte. Auch wenn ihr Proteingehalt höher ist als der anderer Früchte, als kompletter eiweißreicher Fleischersatz kann sie nicht dienen. In einigen ernährungsbewussten westlichen Ländern und bei etlichen Veganern weltweit kommt sie trotzdem gut an. Vor einigen Jahren und bevor die Frucht zum Exportprodukt wurde, verdarb noch bis zu einem Drittel der Früchte in ihren Heimatländern am Baum, weil für die Einheimischen in zum Beispiel Sri Lanka oder Thailand der Eigenbedarf um ein Vielfaches gedeckt war. Diese Zeit ist nun vielerorts aber vorbei, der Export unterstützt die Wirtschaft und einen weiteren Vorteil hat die Frucht außerdem im Gepäck: Wer den richtigen Zeitpunkt für die frühe Ernte verpasst, kann sie einfach ausreifen lassen und hat dann eine bis zu 40 Kilogramm schwere Basis für ein süßes Dessert.

Stevia, Erythrit, Xylit und viele andere: Was hat es mit Zuckeralternativen auf sich?

Zuckeralternativen gibt es fast wie Sand am Meer oder Zucker in einer Patisserie, ihr Ruf ist allerdings außerhalb von Diabetikerkreisen umstritten. Man unterteilt beim Süßen von Speisen generell in drei Hauptgruppen: den natürlichen Zucker, der als Glucose und Fructose in Obst und Gemüse vorkommt, den typischen Haushaltszucker Saccharose und die chemischen wie natürlich basierten Süßungsmittel, welche sich in Zuckeraustauschstoffe und Süßstoffe teilen. Die bekannten Erythrit und Stevia werden dabei zum Beispiel oft gemischt, da Letzteres selbst bereits 200- bis 300-mal süßer ist als herkömmlicher Zucker. Große Vorteile der Alternativen sind die mögliche Regulierung des Blutzuckerspiegels und die geringeren Kalorien im Essen, zu den Nachteilen zählen der Preis, welcher aufgrund des aufwendigen Herstellungsprozesses sowie dem teuren Rohmaterial weit über dem des klassischen Zuckers liegt, und ein gesteigertes Hungergefühl. Dank des süßen Geschmacks schüttet der Körper reflexartig Insulin aus, weil die Ersatzstoffe aber keine Kohlenhydrate liefern, sinkt der Blutzuckerspiegel und Heißhunger folgt. Sprich: Trotz Alternativen muss beim Genuss von Süßigkeiten und anderen kleinen Sünden immer noch Maß gehalten werden!

Für manche unvorstellbar, für andere eine jahrhundertealte Tradition: Schmeckt Eiscreme aus Tierfett und Fisch?

Alaska und die Arktis sind auf den ersten Blick nicht die ertragreichsten Absatzmärkte für Speiseeis, eine gefrorene Dessert-Spezialität kommt hier allerdings trotzdem her. »Akutaq« nennt sich das traditionelle Eis der Yupik, eines indigenen Volkes unter anderem aus Südwest-Alaska, deren besonderer Nachtisch wenig mit europäischer Eiscreme gemein hat. Allein die Zutaten klingen für den westlichen Gaumen befremdlich, denn unter anderem beinhaltet das Gericht Fisch und Tierfett. Letzteres kann wahlweise vom Rentier, Karibu, Elch, einem Bären oder einem Wal stammen. Der Fisch wird gekocht und anschließend presst man das Öl aus seinem Fleisch, bevor man die Stücke mit dem erwärmten Fett, ausschließlich in Alaska und um den Nordpol vorkommenden Krähenbeeren, Milch und Zucker vermischt. Wahlweise kann man auch Schnee hinzufügen. Das bei vielen als »Eskimo-Eis« bekannte Gericht schmeckt letztendlich überhaupt nicht nach Fisch, sondern eher wie süßer Zuckerguss.

Dieses traditionelle türkische Gericht ist echte Handarbeit: Was macht Çiğ Köfte zur schmackhaften Spezialität?

Çiğ Köfte soll in der Türkei bereits seit Tausenden von Jahren zubereitet werden, allerlei Legenden ranken sich um das traditionelle Gericht aus rohem Fleisch. Da Letzteres aus gesundheitlichen Gründen ja immer so eine Sache ist, erfreut sich heute vor allem auch die vegane Variante des Klassikers großer Beliebtheit. Hierfür hat das türkische Normungsinstitut eigens einen Zutatenkatalog festgelegt, in dem sich unter anderem verschiedene Gewürze, Bulgur, rote Paprika, Zwiebeln, Tomatenmark, Knoblauch, Pfefferpaste, Zucker und verschiedene Nüsse befinden. Ganz wichtig ist es, auf maschinelles Erhitzen zu verzichten, die leichte Erwärmung erfolgt lediglich durch stetiges Kneten mit den Handflächen, deren Abdrücke im fertigen Gericht sichtbar werden. Mit einem Spritzer Zitronensaft garniert nimmt man das Çiğ Köfte traditionell mit einem Salatblatt auf und beißt dann hinein. Rein pflanzlich, würzig und mit reichlich Ballaststoffen – guten Appetit!

Süß, ungesund und doch voll spiritueller Kraft: Dient Cola als Opfergabe?

Ob im Kino, zum Burger oder während des Stadionbesuchs, Cola und andere Softdrinks gehören zu so manchem Ritual dazu. Aber es geht noch mehr: San Cristóbal de las Casas liegt im südmexikanischen Hochland in der Region Chiapas nahe der Grenze zu Guatemala, und hier dienen Softdrinks den Nachfahren der Maya sogar als Opfergabe. Neben dem Altar, reihenweise Kerzen oder einem Huhn dürfen bei vielen Ritualen reichlich süße Getränke nicht fehlen. Seit dem ersten Kennenlernen vor etwa 100 Jahren gelten die Drinks für die indigenen Völker der Region als exotisch und symbolisieren Wohlstand und Gesundheit. Egal ob Cola, Pepsi oder Fanta, das Ausgießen vor dem Altar und der spätere Genuss erfüllen einen wichtigen Zweck. Es gibt allerdings auch Schattenseiten: Einst wurden die Getränke über den Weg der Ureinwohner in die Neuem eher skeptisch gegenüberstehende Gesellschaft eingeführt, womit auch die gesundheitlichen Risiken verfingen. Heute leidet die Region unter anderem wegen einer großen Softdrinkfabrik in ihrem Zentrum an Trinkwasserknappheit.

Kaffee mit Pilz oder im Guinness-Style: Welche Kaffeealternativen sind besonders erfrischend?

Ohne Kaffee würden viele Menschen wahrscheinlich nicht mal aus dem Bett aufstehen, egal ob als Espresso, Latte oder Cappuccino, ein bisschen Koffein muss sein. Es gibt aber auch noch ein paar erfrischende Varianten, die bisher noch nicht weltbekannt sind. Coffbucha ist ein mithilfe des bekannten Kombucha-Pilzes zubereiteter Drink, bei dem durch Fermentation Kohlensäure, Vitamine und Mineralstoffe entstehen. Sieben bis zehn Tage dauert der Prozess, bei dem kalter Kaffee, Kombucha und Zucker vermischt werden. Gut, aber nicht luftdicht abdichten ist essenziell, final entsteht sogar 1 Prozent Alkohol. An eben jenen erinnert auch Stickstoffkaffee, sieht er doch dem Bier von Guinness sehr ähnlich und wird wie der Schaum des irischen Klassikers mit Stickstoff cremig gemacht. Diese Idee des Cold Brew stammt ursprünglich aus Korea, verbindet drei verschiedene Kaffeebohnen und perlt im Glas besonders erfrischend.

Seit knapp 100 Jahren in enger Liaison: Warum ist Popcorn gerade im Kino so beliebt?

Popcorn und Kino, das passt gefühlt schon immer wie Topf und Deckel zusammen. Um zu erfahren, warum das älteste Getreide der Welt in seiner gepufften Form gerade im Lichtspielhaus beliebt ist, muss man knapp anderthalb Jahrhunderte zurückgehen. 1885 erfindet Charles Cretors in den USA die erste Popcornmaschine der Welt, der damals vor allem salzig genossene Snack wird vor Geschäften und auf Jahrmärkten verkauft. Der Zweite Weltkrieg beschert dem Popcorn schließlich seinen endgültigen Siegeszug. Die Menschen gieren nach Ablenkung im Kino und Mais als Grundprodukt ist in Kriegszeiten immer noch billig und verfügbar. Popcorn ist allerdings keine typische US-Erfindung, Archäologen haben in Mittelamerika schon über 5000 Jahre alten Puffmais gefunden. Dieser diente den Azteken sogar als Schmuck. Ob sie mit einer ihrer traditionellen Popcorn-Ketten auch in ein Kino der Neuzeit gekommen wären, lässt sich natürlich nicht endgültig entschlüsseln.

Nicht nur Liebe, auch Wärme geht durch den Magen: Was essen Schweden und Russen, um sich warmzuhalten?

Winterzeit ist Erkältungszeit und bei Minusgraden friert es sich zudem leicht. Mit dem richtigen Speiseplan lässt sich Abhilfe schaffen, und wer könnte diesen besser inspirieren als die Schweden oder die Russen, schließlich kennen sich beide Völker bestens mit eisigen Wintern aus. Um das Immunsystem zu stärken, braucht man gerade in der kalten Jahreszeit Vitamin C. Im Norden Russlands schwört man daher auf »Schtschi«, eine deftige, langsam gegarte Kohlsuppe. Der darin enthaltene Weißkohl setzt erst beim Erhitzen sein Vitamin C frei und soll ebenfalls gut gegen Kater sein. Die Schweden bauen dagegen eher auf Süßes und ihre sogenannte »Blåbärssoppa«. Für die Blaubeersuppe löst man einfach Honig in Wasser auf und gibt Blaubeeren sowie Maisstärke für die Bindung hinzu. Fertig ist die Vitaminbombe, die durch den fruchtigen Geschmack gleichzeitig sommerliche Gefühle in den Wintermonaten weckt.

Zu einem Keks oder zum Frühstück ist es schnell getrunken: Wie viel Arbeit steckt in einem Glas Milch?

Milch ist für fast jeden Menschen fester Bestandteil seines Speiseplans, sei es im Morgenkaffee, zum Müsli oder in der Butter. Die enorme Bedeutung schlägt sich nicht immer im Preis nieder, den die Bauern mit der Milchproduktion verdienen, obwohl der Arbeitsaufwand für ein Glas Milch immens ist. So arbeiten Milchbauern nicht selten 80 bis 100 Stunden in der Woche und stehen tagtäglich um fünf Uhr morgens auf. Neben Kraftfutter bekommen die Tiere Gras vom Feld, was mit dem Traktor gemäht werden möchte. Eine ausgewachsene Milchkuh frisst circa 60 Kilogramm Futter am Tag und kann bis zu 100 Liter Wasser trinken. Ställe müssen sauber gehalten und Gülle gekehrt werden, während im Kopf schon die Gedanken um potenzielle Rinderverkäufe oder Absatzpreise kreisen. Ganz nebenbei versorgt man noch die Kälber, kümmert sich um die Gesundheit der Tiere und hält die Anlagen instand. Und da ist natürlich noch die Hauptaufgabe des Milchbauern – das Melken. Eine Milchkuh kommt täglich zweimal in den Melkstand und gibt dann bis zu 70 Liter. Die schaumige Milch wird anschließend gefiltert und zumeist pasteurisiert, bevor es zur Abfüllung für den Handel geht. Ein weiter Weg also, den so ein Glas Milch fließt.

Mund auf, brennendes Essen hinein: Welche indische Spezialität ist buchstäblich »brandheiß«?

Indisches Essen wartet seit jeher mit einer ordentlichen Portion Schärfe auf, erst recht für ungewohnte Gaumen. Mittlerweile gibt es aber auch noch ein Essen, das den Begriff »feurig« ganz neu interpretiert – es wird nämlich brennend gegessen! Dafür wird die in ein Betelpfeffer-Blatt eingewickelte indische Spezialität Paan, meist bestehend aus Gewürzen, der Süßigkeit Mukwhas, getrockneten Früchten und Zucker, mit Crushed Ice verfeinert und mithilfe eines entflammbaren Pulvers angezündet. Speziell gefaltet steckt es der Koch dann direkt in den Mund des mutigen Essers, der sich über eine Geschmacksexplosion im Mund aus Raucharomen, Rosen sowie extremer Süße freuen darf. Traditionell hat Paan in Indien auch einen heilenden Ruf, denn laut der ayurvedischen Medizin lindert es Husten, Kopfschmerzen und Erkältungen. Auch einen frischen Atem soll es bescheren und ist als Abschluss nach schweren Speisen sehr beliebt. Aber Vorsicht: Die Zubereitung des speziellen Fire Paan sollte man den Profis aus Neu-Delhi überlassen!

Fünfstellige Beträge sind für diese Früchte keine Seltenheit: Woher stammt die teuerste Traube der Welt?

Obst hat im bergigen Japan einen besonderen Stellenwert und gilt längst nicht nur als normales Lebensmittel, sondern wird oft auch als ausgefallenes Geschenk verwendet. Dementsprechend aufwendig ist oftmals der Anbau, wie zum Beispiel im Falle der berühmten Ruby Roman Trauben in den Gewächshäusern Ishikawas. Die Bündel hängen hier am Strauch einzeln in Folie eingehüllt, haben jede ihren eigenen Sonnenschirm und werden durch genaue Selektion stetig von kleinen sowie beschädigten Früchten befreit. Somit kann die gesamte Energie in die übrigen Trauben gehen und sie werden bis zu sechsmal größer als ihre Artgenossen. Diese Zucht, welche nur in kontrollierten Bedingungen eines Gewächshauses möglich ist, spiegelt sich in der Süße, einem verminderten Säuregehalt und ganz extrem im Preis wider. Bis zu 400 Euro kann eine einzelne Traube in Premium-Qualität kosten, bei Auktionen haben Bündel mit einem Gewicht von einem knappen Kilogramm schon mehrfach fünfstellige Summen erzielt. Die Erntezeit der Früchte im Sommer liegt dabei passend zum wichtigen Obon-Fest, zu dem viele Japaner ein ausgefallenes Mitbringsel für ihre Liebsten suchen.

Auf Zerstörung folgt ein Schmankerl für die Sterne-Gastro: Welcher Schatz kommt nach einem Waldbrand zum Vorschein?

Waldbrände vernichten so ziemlich alles, was sich ihnen in den Weg stellt, ganze Landstriche können den wütenden Feuern zum Opfer fallen. Aber Pilzsucher haben schon vor Jahrzehnten ein besonderes Phänomen entdeckt, das auf die Zerstörung durch die Brände folgt. Der verbrannte Waldboden liefert im Anschluss an ein Feuer unter den richtigen Bedingungen den perfekten Nährboden für Morcheln. Jene Pilze lieben unter anderem eine warme und gleichzeitig feuchte Umgebung. In Kalifornien, das traditionell und besonders in den letzten Jahren mit schweren *Wildfires* zu kämpfen hatte, entwickelt sich die Feuermorchel mittlerweile zu einer echten Delikatesse und lässt Sterneköche bis zu 80 Euro pro Kilogramm für die im rohen Zustand giftigen Pilze hinblättern. Hauptgrund dafür sind sowohl die aufwendige Suche als auch die kurze Saison, denn die erdig schmeckenden Feuermorcheln lassen sich lediglich im Frühling nach Waldbränden ernten.

Leckeres aus dem Labor: Kann ein 3-D-Drucker veganen Lachs herstellen?

Die Liebe der Leute zum Lachs hat global einige besorgniserregende Nebeneffekte. So wurde Wildlachs in vielen Regionen überfischt und der Fisch aus Zuchtfarmen, die heute 90 Prozent des weltweiten Bedarfs decken, ist neben seinem problematischen Effekt auf lokale Ökosysteme anfälliger für Krankheiten. Die Lösung könnte ein 3-D-Drucker liefern, der veganen Lachs herstellt. Die Idee kommt aus Österreich, wo Robin Simsa und sein internationales Team den Fischmarkt revolutionieren wollen. Mithilfe von Protein auf Erbsenbasis, verschiedenen pflanzlichen Zusatzstoffen und Algen für den Fischgeschmack entsteht das Endprodukt, welches optisch und geschmacklich stark an echten Lachs erinnert. Der Clou dabei ist, dass der Drucker durch zwei verschieden gefüllte Patronen nach einem gewissen Muster Muskelfleisch und Fett eines echten Fisches designt, nur eben auf pflanzlicher Basis. Nach diesem Prinzip sind in der Zukunft sogar weitere vegane Fischsorten denkbar, die ebenfalls den Weltmeeren Entlastung bescheren könnten.

Spaghetti kommen den Italienern dazu nicht auf den Teller: Wie kocht man in Bologna Bolognese?

Spaghetti Bolognese – der Traum von Generationen deutscher Kindergaumen! Es ist aber streng genommen eine eingedeutschte »Mogelpackung«, denn mit dem Originalrezept aus Bologna hat es meist wenig zu tun. Schon die

Auswahl der Nudel wäre für Italiener ein Frevel, die Tagliatelle dank ihrer rauen Oberfläche bevorzugen, und ganze Tomaten kommen erst recht nicht hinein. Das Ursprungsrezept des »Ragù alla bolognese« lagert noch heute in der Handelskammer seines Heimatortes und schreibt einen eindeutigen Ablauf vor. Klein gehackte Karotten, Selleriestangen und Zwiebeln bilden in viel Olivenöl angeschwitzt die Basis für die Soße. Hinzu kommt gewürfelter Pancetta, zehn Minuten später folgen Hackfleisch vom Schwein und mindestens 50 Prozent vom Rind. 15 Minuten später wird das Tomatenmark zugegeben und kurz darauf wahlweise Rotwein oder Weißwein. Die letzten Zutaten sind eine Prise Salz und viel Zeit, mindestens drei oder vier Stunden soll die Soße köcheln. Buon Appetito!

Valencia, Alicante oder doch eine andere Region in Spanien: Wer hat die Paella erfunden?

In seiner iberischen Heimat ranken sich so manche Streitigkeiten um das klassische Reste-Essen namens Paella. Auch wenn es für viele heute als Nationalgericht gilt, so würden Menschen aus Valencia darüber die Nase rümpfen. Denn die Reispfanne ist ein traditionelles Arme-Leute-Essen, das laut Historikern erstmals in El Palmar nahe der Metropole zubereitet wurde. In der ebenfalls einen Anspruch auf das Originalrezept erhebenden Hafenstadt Alicante zwei Autostunden weiter südlich reüssierte die »Paella de Marisco«, eine Variante mit Meeresfrüchten, welche heute auch oft in Mischformen verwendet wird. Die ursprüngliche »Paella Valenciana« wird aber klassisch mit Huhn, Kaninchen, Ente und Schnecken zubereitet. Hierbei gart zunächst das Fleisch und dann der Reis. Eine feine Kruste namens »Socarrat« am Boden der typisch großen Pfanne verleiht dem traditionellen Sonntagsessen seinen einmaligen Geschmack.

Für Fleischfans ist es längst nicht mehr wegzudenken: Wie könnte *Dry Aging* die Fischindustrie verändern?

Der Prozess des *Dry Aging*, also des trockenen Reifens an der Luft, ist vornehmlich vom Fleisch bekannt, trockengereiftes Steak gilt bei Fans als absolute Delikatesse. Warum sollte man es also nicht einmal mit Fisch probieren? Die Vorteile liegen dabei nicht nur im intensiven Geschmack, sondern potenziell auch im Effekt auf die Fischindustrie an sich. Im Gegensatz zur Fleischverarbeitung werden nämlich bei den Wasserbewohnern große Teile des Körpers wie zum Beispiel Kopf und Schwanz oft weggeworfen, lediglich das Filet ist gefragt. Dry Aged Fisch wird dagegen lediglich von seinen Schuppen sowie den inneren Organen befreit, sonst geht er gesäubert fast komplett in den Reifeschrank. Dieser hält die Luft dank Kohlefiltern frei von Bakterien und generiert eine konstante Luftfeuchtigkeit. Mit drei Wochen bleibt der Fisch weitaus länger haltbar, als wenn man ihn aufwendig in der Kühlung lagert. Auch eine Art gebeizter Fischschinken mit voriger Behandlung in Salzlake ist möglich und könnte damit so manchen Prozess nachhaltiger gestalten.

Von der Sonne Italiens bis hin zu einer schnellen Verarbeitung: Was steckt in einer Premium-Dosentomate?

Lebensmittel haltbar zu machen ist seit Menschengedenken ein wichtiges Thema und hat eine lange Tradition. In Italien gilt dies vor allem für Dosentomaten, die in der ganzen Welt berühmt sind. Das Familienunternehmen Mutti aus der Emilia-Romagna, das sich als größter Produzent von Tomatenkonserven des Landes einen Namen gemacht hat, und andere nachhaltige Produzenten setzen dabei auf Premium-Qualität. Die komplett sonnengereiften Tomaten werden oft lediglich von Ende Juli bis Ende September geerntet und verarbeitet, nicht besonders lang für satte 300 000 Tonnen Früchte pro Saison wie beim Mutti-Konzern. Die Produktionswege werden dabei extra kurz gehalten, weil die Tomaten spätestens fünf Stunden nach der Ernte verarbeitet werden müssen. Der Weg in die Konserve inklusive Waschen, Dampfgaren und Schälen muss ebenfalls schnell gehen, somit verlieren die Früchte kaum Nährstoffe. Vielen Kleinunternehmen, welche die Tomaten liefern, wird eine hauptsächlich mechanisierte Ernte vorgeschrieben, um der andernorts in der Tomatenernte verbreiteten Ausbeutung billiger Arbeitskräfte Einhalt zu gebieten.

Der heutige Welthit begann als Notlösung: Warum erfanden Sushi-Meister einst die California Roll?

Der weltweite Siegeszug von Sushi lässt einen schnell die früheren Vorurteile vergessen, denen sich die Reisrollen aus Japan zunächst außerhalb ihrer Heimatinsel gegenübersahen. Auch an der Westküste Amerikas konnten sich viele nicht vorstellen, rohen Fisch zu essen, der obendrauf auch noch in einem schwarzen Papier eingewickelt ist. Viele entfernten die Nori-Alge anfangs sogar beim Essen. Aus der kreativen Lösung für jene Probleme wurde die heute überaus beliebte Inside-Out-Rolle »Ura-Maki«, die viele auch unter ihrem Namen »California Roll« kennen. Hierbei wurden anfangs gekochtes Krabbenfleisch für den fischigen Geschmack und Avocado als fettige Alternative verwendet. Der berühmte Sushi-Reis ist bei diesen Rollen aber eben außen und »versteckt« damit die essbaren Nori-Algen in der Mitte. Mittlerweile wird Ura-Maki längst auch mit anderem Fisch zubereitet.

Vom beliebten Getränk zum Food-Klassiker: Kann man aus Bier Pizza machen?

Beim Brauprozess von Bier entstehen allerhand Abfallprodukte, unter anderem Hefe und tonnenweise sogenannter Biertreber. Letzterer landet heute entweder als Viehfutter im Stall oder aber direkt im Müll. Das müsste allerdings nicht sein, zum Beispiel haben die Menschen früher schon Brot aus dem Treber gemacht. Eine neue Idee aus Appenzell in der Schweiz setzt den Treber und die Hefe aus der Brauerei sogar bei der Herstellung von Fertigpizza ein. Diese enthält alle Zutaten einer klassischen Pizza – Wasser, Hefe, Mehl und Salz – plus den Nebenprodukten des Brauprozesses. Dadurch wird der rohe Teig etwas dunkler und obendrein beinhaltet die fertige Pizza mehr Ballaststoffe sowie Eiweiße. Damit wird man schneller satt und hat auch ein wenig länger etwas von der beliebten Speise. Bisher steckt der Markt aber noch in den Kinderschuhen.

Einst gehörte er zu den teuersten Gewürzen der Welt: Was kann Pfeffer außer Würzen noch?

Der Pfeffer blickt auf eine interessante und beeindruckende Geschichte zurück, denn einst gehörte er zu den teuersten Gewürzen der Welt und bewog unter anderem einen gewissen Christoph Kolumbus dazu, einen Seeweg nach Indien zu suchen, der schließlich in der Entdeckung Amerikas mündete. Auch wenn der Preis mittlerweile für jedermann erschwinglich ist, bleibt Pfeffer immer noch in aller Munde und zählt zu den beliebtesten Küchenhelfern weltweit. Er kann aber auch noch eine ganze Menge mehr, als bloß Gerichte zu verfeinern. Kommt zum Beispiel ein Kleidungsstück mit verblassten Waschmittelrückständen aus der Waschmaschine, dann empfiehlt sich ein Griff ins Gewürzregal. Ein Löffel gemahlener Pfeffer wirkt bei einem schonenden Waschgang mit 30 bis 40 Grad wie ein Schleifmittel und macht die Kleiderfarbe wieder glänzend. Ebenso schafft Pfeffer Abhilfe bei Schluckauf. Dazu zieht man eine Prise in die Nase ein, was bekanntlich schnell zum Niesen führt. Dieser Reiz ist stärker als jener des Schluckaufs und schnell ist der lästige Singultus vorbei.

Ein Buch, ein Hype, eine Frage: Was steckt hinter dem Glukose-Trick?

Die französische Biochemikerin Jessie Inchauspé landete im April 2022 mit ihrem Buch *Glucose Revolution* (deutsch *Der Glukose-Trick*) einen weltweiten Hit, der nicht nur wegen der stetig steigenden Zahl an Diabetikern verfängt. Dabei verspricht sie einen regulierten Blutzuckerspiegel, der sich positiv auf Gesundheit, Gewicht und Lebensgefühl auswirken soll. Der Glukose-Trick funktioniert folgendermaßen: Das Essen muss in einer bestimmten Reihenfolge eingenommen werden, damit der Körper Glukose beziehungsweise Zucker langsamer aufnimmt. 20 Minuten vor dem Essen empfiehlt Inchauspé ein Glas Wasser mit Essig, danach soll man erst die Ballaststoffe wie Salat oder Gemüse essen, dann die Fette und Proteine wie Fleisch, gefolgt von Kohlenhydraten. 20 Minuten nach dem Essen folgt leichter Sport. Ein positiver Nebeneffekt der Reihenfolge: Man schafft weniger Kohlenhydrate, wenn man vorher schon durch andere Teile des Essens gesättigt ist, und verliert bei einer korrekten Energiebilanz potenziell an Gewicht.

In ihrer Blüte beherbergte sie 100 Nudelfabriken: Wo liegt die »Pasta-Hauptstadt« der Welt?

Malerisch liegt es da, zwischen den zerklüfteten Hängen des Vesuv und der schillernden Amalfiküste. Im 19. Jahrhundert florieren hier 100 Fabriken, deren goldene Pasta in rauen Mengen in den Straßen trocknet. Und es ist nicht nur diese Erinnerung, die Gragnano zur »Pasta-Hauptstadt« der Welt werden lässt.

Die Stadt in Kampanien beherbergt heute »nur« noch circa 30 Nudelhersteller, hat aber wenig von ihrer einstigen Magie eingebüßt. Dank des kalkarmen Quellwassers der Monti Lattari bleibt die traditionelle Gragnano-Pasta besonders bissfest nach dem Kochen, dazu ist Hartweizen die einzige zusätzliche Zutat. Besondere Bronzematritzen sorgen für eine raue Oberfläche, an welcher die Soße später besser haften bleibt. Ein weiteres Geheimnis steckt in der langen sowie schonenden Trocknungszeit, die mit bis zu 60 Stunden teilweise 20-mal so lang dauert wie die industriell gefertigter Nudeln. Dank des aufwendigen Prozesses erhielt die »Pasta di Gragnano« 2013 ihr eigenes EU-Siegel und genießt trotz hauptsächlicher Produktion für den heimischen Markt Weltruhm.

Süß und lecker, aber auf dem Papier gibt es klare Unterschiede: Wann heißt es Marmelade, wann Konfitüre?

Wer im Supermarkt vor dem vermeintlichen Marmeladenregal steht, der wird förmlich erschlagen von unterschiedlichsten Auswahlmöglichkeiten: Marmelade, Konfitüre, Konfitüre extra, Fruchtaufstrich und noch einige mehr lächeln den potenziellen Käufer an. Wo aber liegen die Unterschiede? Zunächst einmal müsste das Regal eigentlich Konfitürenregal heißen, denn die meisten als Marmeladen wahrgenommenen Aufstriche sind laut Statuten eigentlich streng genommen Konfitüren. Seit 2003 besteht in Deutschland eine auf EU-Recht basierende Verordnung, nach welcher Marmelade nur aus Zitrusfrüchten bestehen darf, was die Aufstriche mit Erdbeere,

Kirsche und Co. zu Konfitüren macht. Hierbei muss der Zuckergehalt bei mindestens 55 Prozent liegen, der Fruchtgehalt bei 25 bis 35 Prozent. Erhöht er sich auf 45 Prozent, darf sich ein Aufstrich Konfitüre extra nennen. Das bekannte Gelee wird aus Fruchtsaft anstatt aus ganzen Früchten hergestellt und die von der Verordnung ausgenommenen Fruchtaufstriche können mit viel weniger Zucker oder besonderen Zusatzstoffen operieren. Dadurch lässt sich unter anderem der Vitamingehalt drastisch steigern.

Wie geht eine Fast-Food-Diät?

Wenn ein ehemaliger Top-Manager einer Fast-Food-Kette zur Fast-Food-Diät aufruft, dann müssten eigentlich sofort die Alarmglocken schrillen. Der Österreicher Harald Sükar sieht seine Idee aber als Antwort auf das ungesunde Essen seiner ehemaligen Branche und hat direkt ein Buch darüber geschrieben. Im Kern steht das Mantra, das Fast Food nicht gleich Fast Food sein muss, man kann es auch gesund interpretieren. Sükar suchte lange Zeit nach gesunden Alternativen für die Zubereitung von Pizza und Burger, die er zu einfachen und nahrhaften Rezepten für Kochmuffel wie ihn selbst zusammenstellte. Zum Beispiel macht er Ketchup selber, der dann anstatt mit den 24 Stück Würfelzucker einer normalen Flasche ganz ohne Zucker auskommt. Patties oder Brötchen stammen beim Burger aus veganen Alternativprodukten und Fertigmischungen, dazu kommen weitere frische Zutaten mit wenigen Kohlenhydraten. Zusätzlich trinkt der Unternehmensberater viel ungesüßten Tee, setzt rigoros Essenspausen ein und kaut alles andere als »fast«. Jeder Bissen wird erst nach 30 Sekunden Kauen hinuntergeschluckt. Mehr Ballaststoffe, kaum Zucker, langsames Essen, da wird man schneller und länger satt.

Ein Foodtrend, der auch vor heiligen Heißgetränken nicht haltmacht: Was ist »Proffee«?

Um Protein ist schon seit einiger Zeit ein wahrer Foodtrend entstanden, etliche Lebensmittel gibt es mittlerweile mit einem höheren Eiweißanteil, welcher beim Muskelaufbau, der Regeneration und der Stärkung des Nervensystems helfen soll. Da liegt es nahe, auch den alltäglichen Kaffee mit ins Boot zu holen. Der »Proffee« genießt großen Hype in den sozialen Netzwerken und soll die positiven Effekte von Kaffee und Proteinshakes verbinden. Dafür mischt man drei Tassen Espresso mit reichlich Eiswürfeln und gießt das Ganze mit einem Proteinshake auf. Fertig ist ein dickflüssiges, cremiges Getränk, dass die Herzfrequenz erhöht und den Muskelaufbau unterstützen kann. Die optimale Kombination in Bezug auf eine maximal gesteigerte Leistungsfähigkeit wäre allerdings eigentlich der Genuss des Kaffees vor einer Trainingseinheit und anschließend ein Proteinshake, was den durchaus positiven Effekt des Proffees aber nicht mindert.

Sie machen Wurst, Käse und noch viel mehr möglich: Was leisten Bakterien für unsere Lebensmittel?

Gewisse Bakterien können zu allerlei Krankheiten führen, aber es gibt auch unzählige, die für den Menschen unverzichtbar sind. Zumindest wenn er weiterhin Bier, Brot, Käse, Wurst, Joghurt und viele andere beliebte Lebensmittel genießen möchte. Bei deren Herstellung sind Bakterien nämlich unerlässlich, sie machen die Produkte haltbar und wirken sich auf die Konsistenz aus. Eine Metropole für jene Lebensmittelbakterien liegt im dänischen Hørsholm, wo die größte Bakterienfabrik der Welt der Firma Chr. Hansen A/S beheimatet ist. Unter anderem enthält jeder zweite Käse weltweit Bakterien aus den über 40 000 Stämmen der Fabrik, die mit modernsten Methoden immer wieder an neuen Entwicklungen forscht. Beim Beispiel Käse sorgen bestimmte Bakterien nicht nur für die anfängliche Gärung der Milch, sondern bewirken neben der Haltbarkeit auch eine besondere Konsistenz, unterschiedliche Reifeprozesse sowie verschiedene Geschmäcker. Alles kann im Labor aufeinander abgestimmt werden, je nach Kundenwunsch. Hier gibt es sogar eine Maschine, welche den menschlichen Verdauungsapparat simuliert und zu jedem Zeitpunkt den Effekt verschiedener Bakterien auf den menschlichen Körper untersuchen kann.

KAPITEL 2

Tier- und Pflanzen-welt

Alle Jahre wieder: Wie kann ein Weihnachtsbaum weiterleben?

Ein trübseliges Bild steht jedes Jahr wie kaum ein anderes für das Ende der Weihnachtszeit: Kurz nach dem Jahreswechsel liegt ein Großteil der knapp 30 Millionen in Deutschland verkauften Weihnachtsbäume auf der Straße und wartet auf die letzte Reise in Richtung Wertstoffhof. Selbst wenn die Ökobilanz eines extra in Sonderkultur gezogenen Weihnachtsbaumes debattierbar ist, so blutet vielen Pflanzenfreunden dabei trotzdem das Herz. Diese können sich mit einem lebenden Baum behelfen oder sich eine Baumschule suchen, die Weihnachtsbäume im Topf vermietet. Nach dem Fest kehren die »Zeitarbeiter« zum Anbieter zurück, der sie dann im nächsten Dezember nach guter Pflege wieder vermieten und schließlich nach einigen Jahren im Wald auspflanzen kann. Diese lebenden Bäume sollten am Fenster und nicht zu nah an einer Heizung stehen, außerdem müssen sie vor ihrem Einzug ins Wohnzimmer akklimatisiert werden.

Unsere nächsten Verwandten im Tierreich: Was kann sich der Mensch vom Affen abschauen?

Die nächsten Verwandten des Menschen im Tierreich sind die anderen Mitglieder der Familie der Hominiden, der Menschenaffen, welche noch die Schimpansen, die Orang-Utans und die Gorillas beinhaltet. Während der Homo sapiens den tierischen Zeitgenossen allerhand Dinge wie Technik, Sprache oder Kultur vorausha, kann er sich trotzdem so manches von den Urwaldbewohnern abschauen. Allem voran sind dabei die Bewegungsmuster zu nennen, mit welchen sich Affen durch die Welt bewegen. Diese soll der Mensch über Jahrtausende verlernt haben und das nicht immer zu seinem Vorteil. Daher preisen viele Sportwissenschaftler heute *Animal Moves* an, bei denen neben einem Affengang auch die Bewegungen von Alligatoren, Bären oder Enten imitiert werden. Das Resultat bei regelmäßigem Training: Eine gesteigerte Beweglichkeit, elastischere Sehnen und bessere Koordination, die sich allesamt auf die allgemeine Gesundheit und somit auch auf die Psyche auswirken.

Summend, lästig und stetiger Gast im Schlafzimmer: Wie halte ich mir Mücken vom Leib?

Das penetrante Sirren und der winzige Schatten an der Schlafzimmerdecke sind die Vorboten des nahenden Unheils. Auch wenn die Mücke den Menschen in Deutschland in der Regel nicht wie in anderen Regionen der Erde gefährlich werden kann, ist sie wohl aufgrund ihres Stichs trotzdem der unbeliebteste Untermieter überhaupt. Jene wird entgegen gängiger Meinung nicht so sehr durch Licht, sondern vielmehr durch die Gerüche des Menschen angelockt. Mücken lieben neben stehendem Wasser ganz besonders Schweiß und Körperwärme, dementsprechend werden Schwangere, korpulente Menschen und auch Sportler im Sommer häufiger zum Opfer eines bis zu vierminütigen Stichs. Dem eigenen Geruch kann man durch abendliches

Duschen zumindest zeitweise vorbeugen, am besten helfen aber Sprays mit den Inhaltsstoffen wie DEET (Diethyltoluamid) oder Saltidin®. So manches ätherische Öl wie zum Beispiel mit Lavendel kommt bei den fliegenden Tierchen auch nicht besonders gut an.

Sie blühen nur an einem einzigen Ort auf der Welt: Was ist das Geheimnis der schwarzen Rosen von Halfeti?

Im kleinen verschlafenen Örtchen Halfeti im Südosten der Türkei wächst ein wahrhaftes Naturphänomen. Die Stadt am Euphrat ist weltweit die einzige Region, in welcher natürliche schwarze Rosen gedeihen. Die sogenannten »Karagül«, was so viel wie »schwarze Rosen« bedeutet, erfreuen sich großer Beliebtheit bei Touristen und haben der Legende nach einen besonderen Ursprung. Der armenische Architekt des Klosters von Halfeti hatte eine Tochter, die einen Mann vom anderen Flussufer heiraten wollte. Als der Vater sich gegen die Hochzeit stellte, brachten sich die jungen Liebenden im Fluss um, und seitdem sollen sich alle Rosen der Region zu bestimmten Zeiten ihrer Blüte und bei Trocknung schwarz färben. Der wahre Grund liegt allerdings eher in dem besonderen Mikroklima in Halfeti und im besonderen Boden der Gegend, der viel Kalzium und andere Stoffe enthält, die letztendlich für die schwarze Färbung verantwortlich sind. Daher lassen sich die Pflanzen, welche lediglich zwei Wochen im April und Oktober blühen, nirgendwo sonst kultivieren.

Roger Federer machte sie zu einem Internetphänomen: Was ist ein Quokka?

Was ist ein Quokka? Für den holländischen Entdecker Willem de Vlamingh schienen die kleinen Tiere im Jahr 1696 wie Ratten, als er sechs Tage auf einer Insel vor der australischen Westküste verbrachte. Diese bekam folglich ihren Namen Rottnest Island, welcher bis heute besteht. Seine berühmtesten Einwohner gibt es mittlerweile nur noch hier, ungefähr 12 000 bis 14 000 Exemplare blieben in der ehemaligen Strafkolonie von den Fressfeinden des Festlandes verschont. Die possierlichen Tierchen haben mit Ratten allerdings wenig gemein. Sie sind in Wirklichkeit kleine Kängurus mitsamt Beutel und aufgrund ihres zweireihigen Gebisses scheint es so, als ob sie dauerhaft lächeln. 2017 löst Tennislegende Roger Federer einen Instagram-Hype aus, als er zum Hopman Cup ein Selfie mit einem der Quokkas auf seinem Account postete. Die Folge des bald viralen Hits sind in den nächsten Jahren Besucherrekorde auf Rottnest Island und unendlich viele weitere Momentaufnahmen in den sozialen Netzwerken.

In den USA, Kanada und anderen Plätzen auf der Erde ist es lebenswichtig: Wie ist man *bear aware*?

In einigen Regionen der Welt gehört die unmittelbare Nachbarschaft zu wilden Bären zum Leben dazu, was die Kenntnis einiger Verhaltensregeln unabdingbar macht. Denn auch wenn »Meister Petz« üblicherweise friedfertig unterwegs ist, steckt in ihm ein wildes Tier mit gigantischen Kräften. Darum sollte man in der Nähe dieser beeindruckenden Tiere immer *bear aware* sein, wie es unter anderem die Amerikaner nennen. Dazu zählt auch aus Rücksicht auf die Tiere selbst ein Bewusstsein dafür, ob man sich im Habitat von Bären bewegt, sei es bei Wanderungen, Radtouren oder einer Kajaktour. Bärenspray kann ein eventuelles Hilfsmittel sein, ebenso das Erkennen von Anzeichen auf herumstreifende Bären in der Nähe. Essen und Müll müssen immer sicher verstaut werden, schließlich sind Bären ständig hungrig und können zum Beispiel Aas aus bis zu 19 Kilometern Entfernung riechen. Auch Vogelfutter, Seife oder Zahnpasta machen sie zeitweise neugierig. Trifft man doch auf einen Bären, sollte man nicht weglaufen, sondern versuchen, sich so ruhig wie möglich zurückzuziehen. Folgt das Tier, gilt es, sich als Mensch ohne aggressive Motive zu erkennen zu geben. Lässt der Bär nicht ab, wäre ein Abschrecken des Bären durch laute Rufe angebracht. Wer *bear aware* ist, dürfte allerdings relativ selten in einer derartigen Situation landen.

Diese Brutstätte aus Speichel ist in Sterneküchen gefragt: Welches Vogelnest ist eine Delikatesse?

Salanganen zählen zu der Familie der Segler und es gibt in etwa 30 Unterarten dieser unter anderem in Südostasien, Australien sowie Indien vorkommenden Vögel. Das Besondere neben dem Echolotsystem, mit dem sich manche Arten orientieren, sind die Nester der kleinen Flieger. Sie sind nämlich nicht nur essbar, sie gelten vor allem in China als regelrechte Delikatesse.

Viele Vogelarten nutzen beim Bau der eigenen Nester ihren Speichel, um das Baumaterial zu verbinden. Salanganen bauen ihren Brutplatz sogar komplett aus dem körpereigenen Sekret. Üblicherweise befinden sich ihre Kolonien in tiefen Höhlen, was die »Ernte« besonders erschwert. Hat man die Nester zum idealen Zeitpunkt kurz nach dem Auszug der Jungvögel eingesammelt, finden sie in der Gastronomie, aber auch in Medizin und Kosmetik reißenden Absatz sowie großen Anklang. Aus Rücksicht auf die Vogelpopulationen gibt es allerdings strikte Regeln und Regulierungen, wann und wie oft die Nester geerntet werden dürfen.

Ein Bild schaffte einen Mythos, wegen dem sich etliche Menschen fragen: Gibt es »Nessie« wirklich?

Die Legende vom Seeungeheuer von Loch Ness ist weit über die Grenzen von Schottland hinaus bekannt, vor der Covid-19-Pandemie strömten jährlich circa 1,5 Millionen Menschen zum gigantischen See nahe Inverness, um vielleicht einen Blick auf »Nessie« zu erhaschen.

Eine alte Fabel besagt, dass bereits im Jahr 565 ein Mönch einen Menschen hier vor einem Ungeheuer gerettet habe. 1934 entsteht dann das berühmte »Surgeon's Photo«, welches scheinbar ein Art Meeressaurier mit langem Hals im 36 Kilometer langen Gewässer zeigt. Fortan entsteht eine regelrechte Hysterie, Nessie-Jäger lassen sich am See nieder, große wissenschaftliche Forschungen werden bemüht – der letzte Beweis bleibt allerdings trotz zahlreicher Indizien aus. Eines ist allerdings sicher: Das bekannte Foto von 1934 war eine Fälschung, Modellbauer Christian Spurling gab kurz vor seinem Tod zu, dass er ein Spielzeug-U-Boot mit einem Plastikhals versehen hatte. Dem Mythos und allem, was dazugehört, tat das aber nur wenig Abbruch. Schließlich ist es für die Menschen manchmal schöner zu glauben, als zu wissen. Und Loch Ness ist auch aufgrund seiner wunderschönen Natur immer eine Reise wert.

Scharfe Zähne, unbändige Kräfte und ein instinktiver Jagdtrieb: Wie lebt es sich mit einer Löwin?

Löwen haben geradezu eine mystische Faszination und sind eines der Tiere, welche man untrennbar mit der beeindruckenden Wildnis Afrikas verbindet. Die größte Raubkatze des Kontinents eignet sich eigentlich überhaupt nicht als Haustier, was nicht bedeutet, dass Mensch und Tier keine besondere Beziehung haben können. So ist es zum Beispiel beim deutschen Wildhüter Valentin Grüner und der Löwin Sirga, die zusammen mit Valentins Lebensgefährtin Sarah in Botswana eine Farm bewohnen. Sirga wurde als Baby von ihrer Mutter nicht gefüttert, somit nahm Valentin das Findelkind zu sich und zog die Raubkatze von Hand auf. Mittlerweile hat sie ein Lebendgewicht von über 200 Kilogramm, auf ihre Kuscheleinheiten möchte sie aber nicht verzichten. Die ungewöhnliche Liaison klappt nur unter strengen Auflagen. Sirgas 200 Quadratkilometer großes Reservat ist eingezäunt und sie darf lediglich mit GPS-Halsband in den Auslauf. Die Menschen hat das soziale Tier als Rudel akzeptiert, und selbst wenn sie es nicht gewohnt ist, alleine ihr Leben im Busch zu verbringen, bleibt sie von ihrem Instinkt her ein Wildtier. Eines mit circa 1,6 Millionen TikTok-Followern, wohlgemerkt.

Beim Waldspaziergang könnte man oftmals ganze Taschen voll sammeln: Gehören Bucheckern in die Küche?

In Deutschland begegnet man Bucheckern regelmäßig beim herbstlichen Waldspaziergang, zumeist wecken sie aber nur für kurze Zeit die Neugier kindlicher Entdecker, bevor sie nebst anderen Dingen in der Wahrnehmung untergehen. Dabei steckt in der Buchecker eine ganze Menge mehr, als sich auf den ersten Blick vermuten lässt. Die Samen der Buche sorgen nicht nur für den Fortbestand der hohen Laubhölzer, sie lassen sich auch in der Küche verwenden. Die kommerzielle Ernte der stacheligen Früchte ist dabei gar nicht so einfach, denn Buchen tragen nur alle fünf bis acht Jahre in einem sogenannten Mastjahr richtig viele Bucheckern. Hier den richtigen Ort und die richtige Zeit zu bestimmen, bedarf reichlicher Vorbereitung. Die Ernte selbst geht dabei auf altbewährte Traditionen mit Netzen am Boden zurück, schließlich haben Forstbetriebe die Bucheckern schon immer als Saatgut geerntet. In der Küche kann die Buchecker wie eine Nuss verwendet werden, sie besitzt ähnliche Nährwerte wie die fettreiche Mandel. Aufgrund ihres leichten Giftes Fagin sollte die eingesetzte Menge auch nach Wärmebehandlung nicht zu groß sein, was allerdings nicht für das Bucheckern-Öl gilt.

Sie wirken behäbig, aber sind wahre Langstreckensportler: Wie weit wandern Unechte Karettschildkröten?

An Land gelten Schildkröten eher als behäbige Zeitgenossen, ihre Verwandten aus dem Meer sind dafür im Wasser durchaus mobil. Die weltweit gefährdete Unechte Karettschildkröte, lateinisch *Caretta Caretta*, zum Beispiel zählt zu den größeren Meeresschildkröten und hat ihre wichtigsten Nistplätze in Florida, im Oman und auf den Kapverdischen Inseln, wo sie im Alter von 25 bis 35 Jahren erstmals mit der Fortpflanzung beginnt. Die bis zu 1 Meter großen Weibchen graben alle zwei bis drei Jahre mehrmals in der Saison eine Grube in den Sand und legen darin ungefähr 100 Eier ab. Von hier aus versuchen die Kleinen nach dem Schlüpfen so schnell wie möglich das Meer zu erreichen. Interessanter Fakt: Weibchen bauen ihren Nistplatz immer nachts und nur an dem Strand, an dem sie selbst geschlüpft sind. Für manche Schildkröten bedeutet das eine Reise von ungefähr 13 000 Kilometern von ihren Futtergründen im Pazifik bis zurück an ihre Heimatstrände, wo sie dann nach der Paarung den Rest ihrer bis zu 80 oder mehr Jahre auf der Erde verbringen.

Ein tierischer Freund und Helfer in prekären Lebenslagen: Wie wurden Affen in Amerika in der Pflege eingesetzt?

Eine Behinderung kann für einen Menschen vorher leichteste Aufgaben zu unüberwindbaren Hürden machen, man denke an das Betätigen des Lichtschalters, das Umblättern einer

Buchseite oder das Aufheben einer Fernbedienung. 1979 geht deswegen in Boston die Organisation »Helping Hands« an den Start, die diesen Menschen helfen will, und zwar durch den Einsatz von Assistenzaffen. Kapuzineräffchen wurden extra für die Betreuung von Bedürftigen trainiert und an diese vermittelt. Sie eignen sich durch ihr hierarchisches und umgängliches Verhalten für den Job, in dem nicht selten auch eine innige Bindung zwischen Mensch und Tier aufgebaut wird. Kapuzineraffen sind außerdem leicht genug, um auf einem Schoss zu sitzen, während sie gleichzeitig stark genug sind, alle Aufgaben zu erledigen. Tierschutzverbände kritisierten die Praxis allerdings über viele Jahre, außerdem änderten sich in den USA die Regularien für Assistenztiere, womit »Helping Hands« zukünftig auf Roboter setzen wird.

Er ist als hässlich verschrien, seine Fähigkeiten sind aber geradezu fantastisch: Was kann ein Nacktmull?

Mit Verlaub, beste Chancen auf den Sieg beim Tier-Schönheitswettbewerb hätte ein Nacktmull wohl aufgrund seiner ausladenden Schneidezähne nicht. Er hat auch kein kuscheliges Fell, warum er eher wie ein trockener Wurm anmutet. Dafür besitzt er geradezu eine ganze Reihe an unglaublichen Superkräften, die in dieser Form einzigartig im Tierreich sind. Nacktmulle leben in gesellschaftlichen Kolonien mit einer Königin, ähnlich denen der Ameisen. Stirbt das Oberhaupt, kämpfen andere Weibchen um die Nachfolge. Die auserkorene Nachfolgerin ist eigentlich ausgewachsen, weitet in ihrer neuen Position aber ihren Brustkorb und wird um ein Drittel ihres Körpers länger, damit sie für die Geburt junger Nacktmulle bereit ist. Diese werden dann bis zu 30 Jahre alt und zeigen trotzdem keinerlei Alterserscheinungen, da ein besonderes Gen die Zellen stets »reinigt«. Als ob das noch nicht genug wäre, kommt ein Nacktmull auch noch bis zu 18 Minuten ohne Sauerstoff aus. Dies kommt ihm in seiner afrikanischen Heimat durchaus mal zugute, denn auch wenn die unterirdischen Bauten der Tiere bis zu 15 Fußballfelder groß werden können, kann die Luft aufgrund von Überbevölkerung hier schon einmal knapp werden. Mit seinen Talenten ist der Nacktmull für die menschliche Forschung extrem interessant, neben Anti-Aging-Ideen werden hier vor allem Durchbrüche in der Krebsforschung vorangetrieben.

Keiner auf dem Planeten ist größer: Was macht den Strauß zum Vogel der Superlative?

Fliegen kann er zwar nicht, doch ein Strauß ist trotzdem in vielerlei Hinsicht ein Vogel der Superlative. Schließlich sind die afrikanischen Savannenbewohner die größten Laufvögel der Welt, legen über 1,5 Kilogramm schwere Eier und können bei einer Höhe von 2,50 Meter sogar über 160 Kilogramm auf die Waage bringen. Jene setzen sie zur Not ziemlich zügig in Bewegung und schaffen auf kurzen Strecken bis zu 70 Stundenkilometer. Zwar ist der Strauß von Natur ein Fluchttier, kann sich im Ernstfall aber mithilfe kräftiger Tritte gegen Löwen oder Leoparden verteidigen. Gerade seine langen scharfen Krallen an den Füßen können Angreifern schwere bis tödliche Wunden zufügen. Dass es Löwen trotzdem zeitweise auf

Strauße abgesehen haben, liegt längst nicht nur daran, dass der Warnruf der Männchen wie Löwengebrüll klingt. Straußenfleisch gilt als äußerst delikat, fettarm und wird auch in der Gastronomie immer beliebter. Das ist auch auf die tiergerechte Haltung zurückzuführen, die zum Beispiel in Deutschland für jeweils drei Zuchttiere 2500 Quadratmeter Auslauf vorschreibt.

Die Frau, die mit »Gorillas im Nebel« lebte: Wie rettete Dian Fossey die Berggorillas?

Sanfte Augen blicken durch den grünen Wald, friedfertig, fast schüchtern. Langsam bewegen sich die Tiere zwischen den Blättern hindurch, sie spielen und interagieren, voller Zärtlichkeit gehen sie miteinander um. Hoch oben im Nebel, im »Land der tausend Hügel«. Berggorillas in ihrer wilden Heimat zu begegnen beschreiben Menschen immer wieder als spirituelle Erfahrung. Ein Erlebnis, was wohl nur wegen einer Frau noch möglich ist – Dian Fossey. Auf 250 Tiere war die Population der im östlichen Afrika lebenden Primaten aufgrund illegaler Jagd und Habitatverlusts geschrumpft, dann widmete sich die US-Amerikanerin ihrem Schutz. Sie studierte die Tiere, sorgte durch engsten Kontakt für bahnbrechende Erkenntnisse und schaffte weltweit Aufmerksamkeit für ihr Schicksal. Auch den Kampf gegen die Wilderei nahm sie offen an. Fast 20 Jahre lang unterhielt sie ein Camp im Regenwald, wo sie schließlich 1985 tot aufgefunden wurde. Auch wenn ihr Ableben nie aufgeklärt wurde, ihr Lebenswerk ist bis heute lebendig. Die Anzahl der Berggorillas liegt mittlerweile wieder bei über 1050 Tieren.

Minus 50 Grad Celsius sind für sie kein Problem: Wie trotzen Rentiere der Kälte?

Rentiere können Temperaturen bis zu minus 50 Grad Celsius aushalten, nicht umsonst werden sie seit Jahrhunderten nördlich des Polarkreises als Nutztiere eingesetzt. Ihr größter Pluspunkt ist dabei ihr Fell. Es ist extrem dicht und weich, vor allem aber sind die einzelnen Haare hohl, womit durch die Luft eine extrem gute Isolation entsteht. Sie ist sogar dermaßen erfolgreich, dass Schnee auf den Tieren nicht durch deren Körperwärme schmilzt, sondern einfach liegen bleibt. Auch in anderen Bereichen sind Rentiere optimal an winterliche Bedingungen in Regionen wie Lappland angepasst. So können sie ihre Augenfarbe in der kalten Jahreszeit von Dunkelgold auf Blau wechseln, womit sie ihre Lichtempfindlichkeit steigern und damit im Dunkeln besser sehen können. Bei der Nahrungssuche helfen ihnen ihre breiten Hufe, mit denen sie selbst im dichtesten Tiefschnee nach Futter graben können.

Ihr Horn kostet auf dem Schwarzmarkt zeitweise mehr als Gold: Wie versuchen Tierschützer, das Nashorn zu retten?

Es sieht martialisch aus, wenn ein Mitarbeiter einer Nashorn-Schutzorganisation zur Kettensäge greift und dem bis zu 3,5 Tonnen schweren Rhinozeros während der Narkose sein namensgebendes Horn abschneidet. Es ist derzeit aber geradezu eine Notwendigkeit im Kampf gegen die Wilderei, welche seit Jahrzehnten zur dauerhaften Bedrohung für die Dickhäuter geworden ist. Mit der Entnahme des Horns verlieren die Wilderer das Interesse an den Tieren, so die Theorie, welche sogar schon in Zoos angewendet wird. Es gibt kaum ein Material, das bei Wilderern begehrter ist als dieser nachwachsende Körperteil. Ein einzelnes Horn kann mehrere Hunderttausend Euro bringen, der auf illegalen Märkten befeuerte Kilopreis liegt nicht selten über dem von Diamanten und Gold. Zwar ist das Entfernen des Horns für die Tiere schmerzlos, es gibt aber Studien, nach denen sich ihr Verhalten dadurch ändert und das Prozedere aufgrund geringerer Mobilität zu rückläufigen Fortpflanzungsraten führen könnte. Somit gilt die aufwendige Methode für den Moment als Übergangslösung, um Zeit für langfristigere Strategien zu gewinnen, die das Überleben der bereits seit 50 Millionen Jahren auf diesem Planeten weilenden Riesen sichern können.

Schön und anmutig, für Fliegen und andere Insekten aber eine böse Falle: Wie verdauen fleischfressende Pflanzen ihre Beute?

Die Pflanze sieht farbenfroh und hübsch aus, ein optimaler Ort zum Verweilen, denkt sich die Fliege. Dann aber schnappt der Landeplatz auf einmal zu und es ist um das Insekt geschehen. Fleischfressende Pflanzen wie die berühmte Venusfliegenfalle versorgen sich nicht nur über den Boden mit Nährstoffen, sondern fangen sie sich auch aus der Luft oder locken sie in ihre ausgeklügelten Fallen. Dabei stehen vor allem Mücken, kleine Fliegen oder Ameisen auf dem Speiseplan, größere Exemplare wie die Schlauchpflanzen können selbst kleine Frösche oder

Nagetiere erbeuten. Die Pflanzen setzen dazu verschiedenste Taktiken ein, von einem durch feine Haare ausgelösten Schnappmechanismus bis hin zu klebrigen Substanzen. Nur wie wird das Mahl verdaut, wenn es erst einmal gefangen ist? Die üblicherweise in Mooren lebenden Pflanzen setzen dazu ein Verdauungssekret ein, in dem Enzyme enthalten sind, welche Proteine spalten und bei der Aufnahme helfen können. Gute Nachrichten für die Pflanze, schlechte für die vorbeischauenden Insekten!

Er braucht von ewiger Jugend nicht bloß zu träumen: Was macht den Axolotl zu einem göttlichen Peter Pan?

Wenn er eine Lieblingsgeschichte hätte, dann wäre es wohl jene von Peter Pan, dem Jungen, der nie erwachsen wird. Ebenso ist es nämlich mit dem Axolotl, der kleine Salamander bleibt zeit seines Lebens im jungen Larvenstadium. Dafür hat er eine ganze Menge drauf, kann über die eigene Haut atmen und innere Organe wie auch ganze Körperteile nachwachsen lassen. Letzteres liegt wohl am größten bisher entschlüsselten Genom der Welt, welches es auf 32 Milliarden Basenpaare und damit auf zehnmal so viele wie ein Mensch bringt. Seinen Namen, der übersetzt »Wassermonster« bedeutet, hat er von den Azteken bekommen, die den im Texcoco-See ihrer Hauptstadt Tenochtitlán lebenden Molch als Inkarnation des Todesgottes Xolotl sahen. Heute liegt in dem Gebiet die gigantische Megametropole Mexico City und wild lebende Axolotl finden immer weniger Lebensraum nahe traditioneller Chinampas-

Landwirtschaft vor, die auf schwimmenden Inseln betrieben wird und durch die mit der Zeit etliche Kanalsysteme entstehen. Medizinische Forschung und Tierschützer bemühen sich allerdings um den Schutz des Axolotls, sodass er »Forever Young« bleiben kann.

Bis zu 1 Meter Wachstum pro Tag: Warum ist der Bambus eine echte Extrempflanze?

Wer Bambus schon einmal aus dem Garten entfernen wollte, der weiß, wie stark, verzweigt und hartnäckig seine unterirdischen Rhizome sein können. Aber sein verwurzelter Unterbau ist längst nicht das Einzige, was bei dem Gras aus Fernost ins Extreme reicht. Bambus ist die am schnellsten wachsende Pflanze der Welt und schießt manchmal 1 Meter pro Tag in die Höhe. Manche Arten haben sogar eine ähnliche Tragfähigkeit wie Stahl und werden in Asien regelmäßig zum Gerüstbau sowie als Baustoff verwendet. Auch bei der Elektrizität hatte das Supergras seine Halme im Spiel. Thomas Edison experimentierte mit den verkohlten Fasern von Bambus und betrieb damit Ende des 19. Jahrhunderts erste Glühbirnen, welche es auf 1000 Stunden Brennleistung brachten, bevor ein Metallglühdraht verwendet wurde. Die robuste und eigentlich überall überlebende Pflanze braucht zwar fünf Jahre nach der Aussaat, bis sie sich oberhalb der Erde zeigt, blühen tut sie dafür aber nur alle 80 bis 100 Jahre. Hier steckt sie so viel Kraft hinein, dass sie anschließend abstirbt. Wohl etwas spät für den gemeinen Hobbygärtner.

Mehr als nur ein Fußball-Orakel: Haben Oktopusse eine eigene Persönlichkeit?

Krake Paul erlangte zur Fußball-Weltmeisterschaft 2010 globale Berühmtheit, als er alle Spiele der deutschen Nationalmannschaft sowie das Finale mithilfe von Flaggen in seinem Aquarium korrekt voraussagte. Kraken allerdings auf derlei Tippspielchen zu reduzieren würde ihnen nicht im Entferntesten gerecht werden. Ihr Name stammt aus dem Griechischen und rührt von den Wörtern *octó* für acht und *poús* für Fuß her. Mit seinen acht extrem starken Fangarmen kann sich der Oktopus auf alle erdenkliche Weisen im Wasser fortbewegen und sogar unterschiedliche Tiere wie Fische oder Muränen nachahmen. Mithilfe eines mit Melanin gefüllten Tintensacks vermag er eine große dunkle Wolke auszustoßen, die ihm im Ernstfall die Flucht vor Feinden ermöglicht. Er ist aber auch ein Meister der Tarnung, denn seine äußere Hautschicht beinhaltet elastische Zellen, die mit Farbpigmenten gefüllt sind und durch winzige Muskeln auseinandergezogen werden können. Somit kann er sich in Sekundenschnelle seiner Umgebung anpassen. Die intelligenten Kraken lassen sogar im Tierreich sehr unübliche Anzeichen auf Persönlichkeit erahnen, denn Forscher haben beobachtet, dass die Weichtiere ganz unterschiedlich auf verschiedene Reize reagieren. Ein bisschen eben wie wir Menschen!

Vom Schengen-Raum haben diese Tiere noch nichts gehört: Warum fliegen Geier nicht über die spanisch-portugiesische Grenze?

Menschengemachte Grenzen sind Tieren in der Regel vollkommen fremd und es gibt erst recht keinen Vogel, der sich bei der Überquerung einer Staatsgrenze Gedanken machen würde. Oder etwa doch? Die spanischen Mönchs- und Gänsegeier bilden eine bemerkenswerte Ausnahme. Denn seit ungefähr zwei Jahrzehnten bleiben diese Vögel mit quasi eiserner Disziplin im Luftraum von Spanien und fliegen nicht über die Grenze nach Portugal. Der Grund darin ist in der Rinderseuche BSE zu suchen, die 2001 große Teile Europas wie auch die iberische Halbinsel in Atem hielt. Damals erließ die EU-Kommission eine Verordnung, welche es Landwirten nicht mehr erlaubte, Tierkadaver einfach auf dem Feld liegen zu lassen, was zuvor gerade in unzugänglichen Regionen gang und gäbe war. Ein schwerer Einschnitt für die Geier, die den größten Teil ihrer Nahrung mit Aas bestreiten. Spanien lockerte besagtes Gesetz nach vier Jahren, Portugal jedoch nicht, womit sich ein besonderer Effekt auf die Geierpopulationen und ihr Verhalten in beiden Ländern ergab.

Sie überlebt ein halbes Jahr ohne Wasser: Wie nachhaltig ist das Palmöl der Macauba-Palme?

Palmöl wird in unterschiedlichsten Bereichen verwendet: als Agrosprit, in Reinigungsmitteln, für Kerzen oder eben auch in Lebensmitteln wie zum Beispiel Schokolade. Das Problem? Der Anbau der meist dafür genutzten afrikanischen Ölpalme verschlingt jährlich durch Brandrodung große Flächen an Wäldern, die Monokulturen brauchen Unmengen an Wasser und schaden lokalen Ökosystemen. So mancher nennt Palmöl daher einen typischen »Klimakiller«. Eine verwandte Palme möchte von diesem Image aber nichts wissen und beweisen, dass Palmöl auch nachhaltiger geht. Die Macauba-Pflanze wird ungefähr 15 Meter hoch und trägt jährlich bis zu 2000 Früchte. Entgegen ihrer durstigen Verwandten überlebt sie sogar ein halbes Jahr ohne auch nur einen einzigen Tropfen Wasser und hat daher einen geringen Anspruch an Böden oder Anbaugebiet. Gleichzeitig lassen sich alle Teile der Frucht verwenden, auch nachdem das Öl bereits herausgepresst ist. Fruchtfleischreste eignen sich als gesundes Tierfutter und aus der Schale kann man Grillkohle machen. Lediglich die langsame Keimung stellt noch ein Problem dar, an dem die Agrarforschung aber bereits arbeitet.

Obwohl sie niemand reiten, essen oder melken kann: Warum sind Alpakas bei Menschen so beliebt?

Die knuffigen kleinen Köpfe, zeitweilig an den Minipli erinnernde Frisuren und ein meistens genügsamer Gesichtsausdruck. Nicht umsonst gibt es in Südamerika ein altes Sprichwort: »Schau einem Alpaka nicht zu tief in die Augen, sonst verliebst du dich!« Um viele Menschen ist es auch in Deutschland längst geschehen und es gibt über 400 Alpakazuchten in der Bundesrepublik. Neben ausgefalleneren Geschäftsideen wie Spazieren mit Alpakas hat dies vor allem einen handfesten Grund: Das Fell der ursprünglich aus den südamerikanischen Anden stammenden Kleinkamele ist besonders edel und besitzt fulminante Eigenschaften. Es ist extrem dicht, dafür sehr leicht und die hohlen Fasern sorgen für eine optimale Isolation. Es kann nass werden, ohne sich feucht anzufühlen, und es schafft einen sehr guten Temperatur- wie Feuchtigkeitsausgleich. Damit ist es zum Beispiel als Füllmaterial für Bettdecken geeignet, die dann gleichzeitig warm halten, ohne im Sommer direkt Schweißausbrüche zu verursachen.

Ohne sie könnten wir auf der Erde nicht überleben: Was macht Bäume zum wichtigen Partner beim Klimaschutz?

Ein mächtiger Stamm, dessen kräftige Wurzeln sich in den Boden wühlen. Ein knallgrünes Haupt aus schier unzähligen Blättern oder Nadeln, durch die das sanfte Sonnenlicht scheint und ein leichter Wind hindurchweht. Wer neben einem ausgewachsenen Baum steht, den überkommt schon mal schnell die Ehrfurcht vor diesem Wunder der Natur. Ohne jenes wäre ein Überleben auf der Erde schlichtweg nicht möglich. Durch die Fotosynthese ziehen Bäume CO_2 aus der Luft und wandeln es unter der Sonneneinstrahlung sowie mithilfe von Wasser in Sauerstoff um, den Menschen bekanntlich zum Atmen brauchen. Aus dem Kohlenstoff produziert der Baum Biomasse, die er zur Stammbildung benötigt, und lässt Wasser über seine Blätter verdunsten. Dieser kühlende Effekt für die Umgebung ist bei einem Laubbaum wie der Buche mit zehn Hausklimaanlagen gleichzusetzen. Der häufigste Laubbaum Deutschlands speichert gleichzeitig pro Jahr 100 Kilogramm Feinstaub und giftige Stickoxide, während er zudem den Sauerstoffbedarf von fünf bis zehn Menschen decken kann. Und spätestens da ist dann die Ehrfurcht durchaus berechtigt!

Sie werden Palmendiebe oder aber auch Killerkrabben genannt: Was ist das Geheimnis der Kokosnusskrabben?

Sie können bis zu 1 Meter groß werden und satte 4 Kilogramm wiegen, ihre mächtigen Scheren sind dreimal so stark wie das menschliche Gebiss und knacken sogar die Schalen von Kokosnüssen. Von ihrer Leibspeise haben die Kokosnusskrabben auch ihren Namen, für die sie sogar auf Bäume klettern, um sie dann abzuernten. Der größte Einsiedlerkrebs der Welt ist besonders auf Christmas Island weit verbreitet, einer australischen Insel 1500 Kilometer vor dem Festland, die fast komplett unter Naturschutz steht. Dementsprechend frei bewegen sich hier an die 100 Millionen rote Krabben und eben auch ihre größeren Artgenossen. Der Panzer jener Krebstiere ist härter als Stahl, besteht er doch aus unzähligen dünnen Schichtplatten, die in Form einer Wendeltreppe angeordnet sind und zusätzlich von einer inneren, weicheren Schicht geschützt werden, welche Kontakt von außen abfedern kann. Aggressiv sind diese Zeitgenossen jedoch keineswegs, auch wenn sie sich zeitweilig von Aas ernähren. Die Bezeichnung »Palmendieb« passt aber, da sie sehr neugierig sind und gerne auch mal schimmernde Gegenstände stibitzen.

KAPITEL 3

Geografie und Geologie

Die Einheimischen nennen sie nur »Gigantes«: Wie entstehen die größten Wellen der Welt?

Wütend pulsiert das Meer vor den Augen Tausender, die gekommen sind, um seine ganze Kraft zu erleben. Berge weißer Gischt rollen über die blaue Unendlichkeit des Atlantiks heran, türmen sich zu einem Schlund auf, der kurz davor scheint, Nazaré zu verschlingen. Die Wellen tun es letztendlich nicht – stattdessen bescheren sie dem kleinen portugiesischen Fischerort seinen Weltruhm.

An Nazarés Nordstrand entstehen die größten »Brecher« der Erde, die zeitweise bis zu 30 Meter in den Himmel ragen und Touristen wie Big-Wave-Surfer aus aller Herren Länder anziehen. Der Grund für das einmalige Naturschauspiel liegt dabei unter Wasser. Hier erstreckt sich ein 5000 Meter tiefer und 230 Kilometer langer Unterwassercanyon, der auf Nazaré zulaufend immer schmaler wird und durch den das Wasser in Richtung Land hindurchgepresst wird. Bei den richtigen Wetterbedingungen kann es sich dann zwischen November und März zu den atemberaubenden »Gigantes« auftürmen, wie die Bewohner von Nazaré die imposanten Wellen nennen.

Riesige Sanddünen, große Süßwasserseen, aber nur ein kleines grünes Herz: Was steckt hinter Brasiliens Wunderwüste?

Ein paar Schritte noch, dann hat man die Spitze der Düne inmitten der gigantischen Wüste erreicht. Und plötzlich tut sich ein Wunder vor den Augen auf – wohin man auch blickt, liegen Lagunen voll mit Süßwasser. 36 000 gibt es von ihnen hier im Nationalpark Lençóis Maranhenses, der noch eine weitere Überraschung bereithält. Während nämlich in den Lagunen trotz des Wassers kaum etwas zu wachsen scheint, sprießt im Herzen der weitläufigen Landschaft eine kleine grüne Oase, in der 19 Familien autark für sich leben. Inklusive Ackerbau, Fischfang und reichlich Vegetation. Wie ist das möglich?

Die Lagunen selbst werden vom tropischen Regen gespeist, der in der Region an 150 Tagen im Jahr niedergeht und gleichzeitig den Grundwasserspiegel reguliert. Dazu herrschen in der Region aber peitschende Winde, welche die Dünen bis zu 70 Meter im Jahr wandern lassen und mitsamt dem wehenden Quarzsand ein Wurzeln von Pflanzen unmöglich machen. Einzig die kleine Enklave in der Mitte der Region liegt windgeschützt und kann somit Leben erhalten.

Bei Sturmflut wird es mehr als ungemütlich: Wie schützen sich die Halligen gegen »Land unter«?

Vor der Küste Nordfrieslands liegen zehn kleine Inseln, die kreisförmig um Pellworm verteilt sind – die Halligen. Diese kleinen Eilande liefern einen wichtigen Beitrag zum Küstenschutz, denn sie werden regelmäßig überflutet und dienen somit als eine Art Wellenbrecher für das Festland. Einzig die erhöhten Warften der Halligen schauen bei Hochwasser noch aus den Fluten hervor und sichern damit auch den wenigen Bewohnern von Langeneß, Hooge und Co. ihr Überleben.

Nicht jedes Hochwasser ist dabei direkt besorgniserregend, bei einer Sturmflut kann es aber richtig ungemütlich wie auch lebensgefährlich werden. Daher ist jedes Haus mit einem Sturmflutbunker ausgerüstet, der sich – wenig überraschend – nicht unter der Erde befindet, sondern im oberen Teil der Häuser. Seine Wände aus Stahlbeton thronen auf massiven Trägern und besitzen ihr eigenes Fundament. Für den Fall, dass der Rest der Behausung durch Wellen weggerissen wird, können die Menschen hier also immer noch überleben und den Fluten entgehen.

Der wohl spektakulärste Fotospot an den Victoriafällen: Was macht den »Devil's Pool« so teuflisch?

2 Kilometer breit, 110 Meter tief – die Victoria Falls an der Grenze von Sambia und Zimbabwe sind die breitesten Wasser-

fälle der Erde. Ein nach der ehemaligen englischen Königin benanntes unbeschreibliches Naturschauspiel, bei dem zeitweise Zehntausende Kubikmeter Wasser pro Sekunde in die Tiefe rauschen und das eine Gischt Hunderte Meter in die Höhe steigen lässt, die sogar direkt nebenan einen Regenwald nährt. Hier befindet sich auch ein kleines Wasserbassin unmittelbar an der Fallkante mit dem schaurig klingenden Namen »Devil's Pool«.

Der teuflische Naturpool gibt Besuchern in der Trockenzeit zwischen September und Dezember die Möglichkeit, direkt an die Wasserkante heranzuschwimmen und auf einer breiten Felskante ein imposantes Foto zu schießen. Guides kümmern sich um die Sicherheit, weisen den Weg und halten die Touristen gegebenenfalls fest. Die Gier nach dem perfekten Schnappschuss hat allerdings trotz aller Vorsichtsmaßnahmen schon einigen Menschen das Leben gekostet, denn die Natur bleibt unberechenbar.

Durch Zufall entdeckt und erst nach fast 20 Jahren wiedergefunden: Wo versteckt sich die größte Höhle der Welt?

Als Hồ Khanh 1990 nahe dem vietnamesischen Dorf Phong Nha bei der Holzsuche vom Regen überrascht wird, sucht er sich prompt einen Unterstand. Als er sich unter einen Felsvorsprung zurückzieht, tut sich ihm ein dunkler Schlund auf und er findet mehr oder weniger durch Zufall die größte Höhle der Welt. Es dauert bis 2009, dann entdeckt er die Hang Sơn Đoòng mit dem britischen Höhlenforscher Howard Limbert wieder und eröffnet somit eine atemberaubende Fabelwelt.

Zwei reißende Flüsse, durch Licht gespeiste unterirdische Regenwälder, ein komplett eigenes Ökosystem – die Liste der Wunder könnte fast der Länge dem insgesamt über 100 Kilometer weiten Höhlensystem ähneln, zu welchem die Sơn Đoòng gehört. An einer Stelle würde das komplette Empire State Building in die Höhle hineinpassen, die zum Ausgang führende Great Wall Of Vietnam steigt fast senkrecht satte 90 Meter in die Höhe. Unter der Erdoberfläche warten hier aber auch tückische Passagen, giftige Schlangen und beschwerliche Kletterpartien auf die wenigen Besucher, die sich einer viertägigen Tour annehmen. Nicht umsonst waren bisher weniger Menschen in der Höhle als auf dem Mount Everest.

Bis zu 40 000 Bäume in nur 24 Stunden: Wie kann man ganze Wälder an einem Tag aufforsten?

Australien ist ein Kontinent, der in der jüngeren Vergangenheit mehrfach von schweren Buschfeuern und Bränden heimgesucht wurde, ganze Waldabschnitte fielen dabei den Flammen zum Opfer. Die aus Sydney stammende Firma Airseed brachte dies auf eine Idee: Sie entwickelte spezielle Drohnen, mit denen man Bäume aus der Luft säen kann – und zwar bis zu 40 000 am Tag.

Die eigens entwickelte Artemis-Drohne ist mit sechs Propellern und einem Behälter für die Pflanzprojektile bestückt. Diese Kugeln enthalten neben Samen Kohlenstoff, Mikroben und weitere Nährstoffe, die sich bei Regen auflösen und einen optimalen Platz für die spätere Pflanze schaffen. Bis zu 16 verschiedene Arten lassen sich damit gezielt nach den Anforderungen eines Gebiets aussäen, auch als Mischkultur und abwechselnd auf einem Flug. Somit werden auch akute Waldbrandgebiete gefahrlos und schnell »zugänglich«, die sonst manchmal von Menschen für mehrere Wochen nach dem Feuer nicht betreten werden können.

Ohne sie würde das Meer uns stetig Küste rauben: Was macht ein Wasserbauer?

Die norddeutsche Küste lebt ständig unter der Bedrohung von Sturmfluten, kilometerlange Deiche schützen das Land vor genau diesen Wassermassen. Vor den Deichen gibt es aber noch einen weiteren unerlässlichen Schutz – die sogenannten Lahnungen, welche seit vielen Jahrhunderten von den Wasserbauern des Landes gebaut und instand gehalten werden.

Eine Lahnung ist ein 100 mal 200 Meter langes rechteckiges Feld, das durch doppelte Flockreihen eingegrenzt wird, die mit bündelweise Strauchschnitt gefüllt werden. Diese sogenannten Faschinen werden wie auch die Holzpfähle stetig durch Salz, Sonne und die Wellen in Mitleidenschaft gezogen, womit sie circa alle fünf Jahre in extrem körperlicher Arbeit erneuert werden müssen. Dabei dienen die Lahnungen nicht nur dem Uferschutz. Auch ein Landgewinn ist damit möglich, wenn sich nach zwei Jahrzehnten innerhalb der Reihen durch Schlickverdichtung und Pionierpflanzen neue Salzwiesen bilden. Diese unterstützen den Küstenschutz zusätzlich und schaffen Lebensraum für etliche Tiere und Pflanzen.

Auf einer Länge von 721 Metern baumelt sie über einer tiefen Schlucht: Wo hängt die längste Fußgänger-Hängebrücke der Welt?

Die mit 721 Metern längste Fußgänger-Hängebrücke der Welt hängt in der Tschechischen Republik, im Glatzer Schneegebirge im idyllischen Ort Dolní Morava. In 1110 Metern Höhe kann man den Startpunkt der Sky Bridge 721 entweder zu Fuß oder per Sessellift erreichen. Dann empfiehlt sich ein Abstecher auf die Aussichtsplattform, die einen Überblick über das monumentale Bauwerk präsentiert, welches sich majestätisch über das Mühlental spannt. Ebenso beeindruckend wie die Vistas sind die technischen Daten der Brücke: Sie wiegt 407 Tonnen und die sechs Hauptträgerseile haben einen Durchmesser von 7,6 Zentimetern. Jedes von ihnen besitzt eine maximale Tragkraft von 360 Tonnen, weitere Stabilisierungsseile beschränken die beim Überqueren spürbare Schwingung auf der Brücke auf 15 bis 20 Zentimeter. Ohne jene Seile läge sie bei 33 Metern. So oder so, für Menschen mit Höhenangst ist der Ausflug nicht zu empfehlen!

Gestern noch Horrorszenerie, bald vielleicht Treiber der Energiewende: Hat der Salton Sea noch eine Chance?

1905 entstand der Salton Sea einst durch einen Dammbruch des Colorado River, dessen Wasserläufe Farmer für die Bewirtschaftung ihrer Felder abgezweigt hatten. Lange Zeit schreibt das noch heute größte Gewässer Kaliforniens nahe der mexikanischen Grenze eine vom Tourismus getragene Erfolgsgeschichte, welche dann aber in einer Tragödie enden soll.

Abwässer aus der Agrarindustrie vergiften den See mangels Abfluss seit Jahrzehnten, der Salzgehalt steigt und das Ökosystem kollabiert. Massenhaftes Fischsterben, Austrocknung, giftiger Staub – ein Horrorszenario jagt das andere. Doch es gibt mittlerweile ernsthafte Hoffnung für die Region: Umweltinitiativen bemühen sich um die Rettung des Sees, während die großen Lithiumvorkommen vor Ort Investitionen versprechen, von denen die gesamte Gegend und die Natur profitieren könnten. Das Lithium befindet sich dank der San-Andreas-Verwerfung an einem geothermischen Hotspot und soll möglichst umweltfreundlich während der Energiegewinnung herausgefiltert werden. Eine echte Chance für den Salton Sea und seine Bewohner!

Eine Insel im Schatten der großen Rauchwolke: Wie lange dauerte 2021 der Vulkanausbruch auf La Palma?

Der Vulkanausbruch auf La Palma im Jahr 2021 wurde der folgenreichste in der Geschichte der bei Urlaubern beliebten Kanareninsel. Etliche Erdbeben unter der Vulkankette Cumbre Vieja wurden zu Vorboten der massiven Eruption, welche sich am 19. September 2021 um 16:12 Uhr oberhalb von Las Manchas mit all ihren verheerenden Folgen ereignete.

Lavafontänen schossen an verschiedenen Stellen in die Höhe, pechschwarze Aschewolken folgten, welche der Insel einen markanten schwarzen Schleier überwarfen. 10 Prozent der Menschen mussten aus ihren Häusern evakuiert werden, etliche verloren ihr Zuhause in den bis zu 15 Meter dicken Lavaströmen, die eine Fläche von fast 1200 Fußballfeldern unter sich begruben. Eine ständige Luftkontrolle wurde zur Sicherheit eingeführt, ausgestoßene Gase wie Kohlendioxid und Schwefeldioxid versetzten die Bevölkerung stetig in Panik. Schwefeldioxid reagiert in der Atmosphäre mit der Luftfeuchtigkeit und kann nach der Bildung von Sulfatpartikeln durch die Reflexion der Sonne zu signifikanten Temperatursenkungen führen. Insgesamt dauerte der Ausbruch 86 Tage bis zum 13. Dezember, womit er zum längsten in der Inselgeschichte wurde. Noch lange danach hat die Insel mit den Folgen zu kämpfen, profitiert als eingeschworene Inselgemeinde mit großer Tourismusbekanntheit aber von weltweiter Solidarität und Eigeninitiative beim Wiederaufbau.

200 Regentage scheinen die Bewohner nicht zu stören: Warum benutzen Färinger keinen Regenschirm?

Die Färöer-Inseln sind eine ganz eigene Welt mitten im Nordatlantik, irgendwo im gefühlten Nirgendwo zwischen Island und Norwegen. Zerklüftete Felsen, sattgrüne Wiesen, Wasserfälle und steile Klippen prägen die Landschaft der teilweise durch unterirdische Tunnel verbundenen 18 Inseln, welche mehr Schafe als Menschen beherbergen. Die gut 50 000 Zweibeiner namens Färinger haben aber längst ihre Anpassungsfähigkeit bewiesen und zählen zu den glücklichsten Völkern der Welt.

Auf den ersten Blick ist das bei über 200 Regentagen im Jahr schwer vorstellbar, hat Berlin doch im Vergleich weniger als die Hälfte. Trotzdem verzichten die Färinger auf Regenschirme. Der Grund? Es ist sowohl im Sommer als auch während der milden Winter einfach zu windig. Das Auto übernimmt dafür die Aufgabe des Regenschutzes, statistisch gesehen besitzt jeder Inselhaushalt ein Fahrzeug. Es dient den Färingern sogar als Ort für erste Dates – warm, abgeschottet und mobil.

Ein Teil der USA, der eigentlich in Kanada liegt: Wie lebt es sich, abgeschnitten vom Heimatland?

Angle Inlet ist ein kleines Dorf am nordamerikanischen Lake Of The Woods, beschaulich, berühmt für seine guten Angelmöglichkeiten und zum US-Bundesstaat Minnesota gehörig. Der Clou dabei ist, dass es auf dem Landweg nicht zu erreichen ist – es sei denn, man fährt durch Kanada oder es ist Winter, wenn der See bei oftmals minus 30 Grad zufriert.

Die geografische Besonderheit bringt für die Einheimischen so manche Herausforderung mit sich. Zum Beispiel muss man sich bei jeder längeren Reise immer wieder in der mobilen Grenzanlage einchecken. Ein Großeinkauf in Kanada ist dabei eigentlich gar nicht erlaubt, denn nach dem Gesetz darf man privat von dort aus kein Obst, Gemüse oder Fleisch einführen. Die Zollbehörden sollen hier allerdings immer mal ein Auge zudrücken, wobei die winterliche »Landgrenze« auf dem See stets per Stichproben kontrolliert wird. Somit ist Vorsicht geboten, wo man sich zum beliebten Eisfischen niederlässt.

Der abgelegenste Ort des Planeten: Wo lässt man am besten Raumschiffe abstürzen?

Es gibt einen Ort auf der Welt, der sich perfekt dazu eignet, Weltraumschrott zu versenken. Über 260 Raumschiffe und Satelliten ruhen am Meeresboden des »Pazifischen Pols der Unzugänglichkeit« mitten im Ozean, unter anderem die berühmte Raumstation Mir. Stören tut das nur die wenigsten, denn der Ort ist der abgelegenste auf dem gesamten Planeten.

Der auch unter seinem anderen Namen »Point Nemo« bekannte Spot, in Anlehnung an Captain Nemo aus Jules Vernes Klassiker *20 000 Meilen unter dem Meer*, ist genau 2688 Kilometer von der neuseeländischen Ducie Island, der chilenischen Osterinsel Motu Nui sowie der Maher Island in der Antarktis entfernt und liegt somit weiter weg von festem Untergrund als jeder andere Platz auf der Erde. Aufgrund der großen Entfernung zum Festland trägt der Wind hier kaum Nährstoffe her und somit gibt es auch unter Wasser nur wenig Leben. Wer trotzdem einmal hinmöchte, der muss sich auf eine 15-tägige Schiffsreise einstellen.

Hier ist es so lebensfeindlich, wie der Name vermuten lässt: Wo liegt der »Eingang zur Hölle«?

In der Sprache der Afar bedeutet Dallol »Auflösung«, es gibt allerdings noch andere Namen für den Vulkan und seine umliegende lebensfeindliche Salzwüste im Nordosten Äthiopiens. Dazu zählen unter anderem »Ort ohne Wiederkehr« und auch »Eingang zur Hölle«. Letzterer scheint aufgrund der bunten Farben und skurrilen Bodenformationen ein wenig dramatisch, findet seine Berechtigung aber bei näherem Hinsehen. Denn einer der heißesten Orte der Erde ist übersäht mit giftigen, säurehaltigen Tümpeln, die sich zwischen den Salzablagerungen befinden. Zeitweise ist die Magnesiumsalzkonzentration so hoch, dass sogar Zellmembrane zerstört werden und so gut wie kein Leben – abgesehen von angepassten Kleinstorganismen – möglich ist. Der Grund für die geothermisch einzigartige Landschaft findet sich im benachbarten Roten Meer. Dieses überspülte in der Geschichte mehrfach die Region, in der die extreme Hitze das Wasser aber immer wieder verdampfen ließ und sich so eine bis zu 1000 Meter dicke Salzschicht ablagern konnte.

Ein Alltag mit Polarnacht und Polartag: Wo wird es mal nicht dunkel und mal nicht hell und wie lebt es sich dort?

Utqiaġvik im North Slope Burrough in Alaska ist der nördlichste Punkt der USA und einer der nördlichsten bewohnten Orte der gesamten Erde, was so manche Besonderheit mit sich bringt. Bekanntlich dreht sich die Erde sowohl um ihre eigene Achse als auch einmal im Jahr um die Sonne. Aufgrund ihres Neigungswinkels von 23,4 Grad sind die Pole damit abwechselnd der Sonne zu- beziehungsweise abgewandt. Für Utqiaġvik, das früher Barrow hieß und nach einem Volksentscheid 2016 seinen indigenen Ursprungsnamen zurückbekam, bedeutet dies schier endlose Helligkeit im Sommer und tiefste Dunkelheit im Winter. 82 Tage verschwindet die Sonne hier zwischen Mai und August während des Polartages nicht hinter dem Horizont, dafür geht sie zwischen November und Januar in der Polarnacht für 65 Tage nicht auf.

Ein pfiffiger Ansatz zur Bekämpfung des Klimawandels: Wo verstecken die Isländer ihr CO_2?

Die Reduzierung des ausgestoßenen CO_2 ist in Zeiten des Klimawandels und der Erderwärmung von enormer Wichtigkeit. Auch die Isländer befassen sich mit dem Problem und haben einen innovativen Ansatz entwickelt: Die Firma Carbfix fängt das Kohlenstoffdioxid der auf der Insel weitverbreiteten Geothermieanlagen ein und löst es in Wasser auf. Dieses Wasser wird in 2 Kilometer tiefe Bohrlöcher gepumpt, die auf 800 Metern verschlossen sind. Im Untergrund trifft das Wasser auf Basalt und reagiert mit dessen Mineralien, woraus Karbonate entstehen. Das CO_2 setzt sich in den Poren des Basalts ab, es wird quasi versteinert. Was kompliziert klingt, ist in der Praxis so kostengünstig, dass bereits Überlegungen angeschoben werden, extra dafür aufgefangenes CO_2 aus anderen Teilen Europas nach Island zu transportieren und in den bis zu 10 Kilometer dicken Basaltschichten der Insel »verschwinden« zu lassen. Lokale Umweltverbände sehen den Import von CO_2 allerdings kritisch, ebenso wie den derzeit noch sehr hohen Frischwasserverbrauch.

Ein kleines Dorf in Russland hält den Kälterekord: Wie kalt kann es auf der Erde werden?

Im Sommer herrscht in Oimjakon bei 30 Grad absolutes T-Shirt-Wetter. Wer allerdings länger bleiben will, der sollte sich die wärmste Kleidung einpacken, die er besitzt. Denn das Dorf im Nordosten Russlands gilt als der kälteste bewohnte

Ort der Erde. Hier wurden 1926 unglaubliche minus 71,2 Grad gemessen, die für die Einwohner aber gar nicht so surreal erscheinen. Schließlich kommen sie heute ebenfalls regelmäßig mit 50 bis 60 Grad Minus klar, auch wenn mal die Wäsche auf der Leine gefriert. Die besonderen klimatischen Verhältnisse haben geografische Gründe, denn Oimjakon liegt in einem Flusstal, das komplett von Gebirgsketten umschlossen ist und in dem sich die kalte Luft sammelt. Es geht allerdings noch kälter als in Jakutien: Auf einem Plateau in der Ostantarktis hat ein Satellit eine Temperatur von minus 98,6 Grad gemessen. Hier wohnen allerdings keine Menschen, atmen wäre unter diesen Umständen lebensgefährlich.

Zwei Bürgermeister, verschiedene Straßenschilder und vieles mehr: Wo und wie leben die Menschen in einer Stadt, die zu zwei Ländern gehört?

Baarle ist ein Ort in der niederländischen Gemeinde Baarle-Nassau und Baarle ist auch ein Ort in der belgischen Gemeinde Baarle-Hertog. Und es handelt sich hierbei um ein und denselben Ort!

Im auf den ersten Blick normalen Stadtbild fallen beim zweiten Hinsehen reihenweise weiße Kreuze auf dem Boden sowie Hausnummern auf, die mal die niederländische und mal die belgische Fahne zieren. Die Grenze zwischen den beiden Nachbarländern geht tatsächlich kreuz und quer durch die Stadt – teilweise über Straßen, durch Türen und sogar mitten durch Läden hindurch. Der Hauseingang bestimmt dabei jeweils die

Staatszugehörigkeit. Während der Covid-19-Pandemie sorgte dies für reichlich Verwirrung, befanden sich die Niederlande und Belgien doch zu unterschiedlichen Zeiten im Lockdown, womit manchmal in ein und demselben Geschäft nur bestimmte Waren auf einer Seite des Ladens gekauft werden konnten. Die skurrile Grenze, die 1995 genau vermessen wurde, stammt noch aus dem Mittelalter, als ein Herzog lediglich bewohnte Teile der damaligen Region für sich beanspruchte.

Wo die Urzeit wieder auflebt: Wie entstand der gigantische Batagaika-Krater?

Tiefe Risse im Erdboden kündigen ihn an, sie ziehen sich mehrere Kilometer entfernt von ihm durch die Landschaft, verschlingen unaufhaltsam selbst Straßen und Häuser. Dann taucht er plötzlich auf inmitten der Wälder – der Batagaika-Krater.

Der gigantische Krater ist etwa 1,6 Kilometer lang, 800 Meter breit und stürzt fast 100 Meter in die Tiefe. Seine Außenwände offenbaren den hier überall unter der Oberfläche schlummernden Permafrost, der allerdings nun in bedrohlichem Maße abschmilzt. Das »Tor zur Unterwelt«, wie es die Einheimischen nennen, öffnet sich erstmals in den 1960er-Jahren. Waldrodungen nehmen dem Boden seinen einstigen Schutz vor der Sonneneinstrahlung und die Erderwärmung beschleunigt in den kommenden Jahrzehnten das Absacken des Bodens zusehends. Zehntausende Jahre Erdgeschichte offenbaren sich Forschern hier, Knochen von Mammuts sowie anderen Urzeitbewohnern kommen überall ans Licht. In Folge der Erdabsenkung bilden sich etliche Seen und Flüsse, ein Prozess der Landschaftsformung namens Thermokarst nimmt seinen Lauf.

Verkehrszonen und mehr mit Satellitenüberwachung: Was ist *Geofencing* und wo kann man es einsetzen?

Der Begriff *Geofencing* setzt sich aus den englischen Wörtern *geographic* und *fence* zusammen. Er beschreibt also einen »geografischen Zaun«, was natürlich noch weiterer Aufschlüsselung bedarf. Es handelt sich hierbei um einen virtuell eingegrenzten Bereich auf einer Landkarte, in dem gewisse Regeln herrschen, an die man zum Beispiel Maschinen oder Fahrzeuge bindet. Geofencing wird unter anderem von Mietwagenfirmen für ihre Sharingfahrzeuge eingesetzt, die sich nur in markierten Bereichen abstellen und öffnen lassen. Weitere Einsatzgebiete sind der Verleih von Baumaschinen, die Luftraumkontrolle von Drohnen oder die Beeinflussung von E-Scootern, deren Geschwindigkeit und Einsatzbereiche zum Beispiel in Paris durch virtuelle Karten bestimmt werden. Für die Technik arbeiten zwei Systeme zusammen, denn einerseits übermitteln Fahrzeuge ihre Position in Realzeit an einen Satelliten, der andererseits wiederum Informationen über das jeweilige Gebiet (zum Beispiel Geschwindigkeitsbeschränkungen) einspeist. In Zukunft könnte die Technik gerade im Bereich autonomes Fahren und bei der Verkehrssicherheit zum Beispiel im Bereich von Schulen großen Anklang finden.

Wenn die Krebsdiagnose die Erfüllung eines Lebenstraums anschiebt: Kann man eine komplette Stadt aus Müll bauen?

Ungefähr 30 Kilometer vor den Toren von Buenos Aires liegt mitten in der argentinischen Pampa ein Dorf, das an jene kleine Orte erinnert, welche Kinder aus unzähligen Märchen kennen. Gepflasterte Gassen, malerische kleine Türme und unterschiedlichste Baustile – nur Schneewittchen kommt nicht mehr um die Ecke. Eigentlich kommt niemand mehr, denn der wie eine Filmkulisse anmutende Ort ist verlassen. Dabei steckt hinter ihm eine bizarre Geschichte, ein wahres Märchen sozusagen. Supermarktmillionär Antonio Campana bekommt einst die erschütternde Diagnose Kehlkopfkrebs, die Ärzte geben ihm nur noch rund fünf Jahre zu leben. Kurzerhand verkauft er sein Unternehmen und erfüllt sich mit dem Bau seiner eigenen Stadt einen Kindheitstraum. »Campanópolis« entsteht dabei aus jeglichem Bauschutt, den Antonio Campana auf dem Areal findet und aus dem er ohne wirkliche Vorkenntnisse gemeinsam mit 100 Helfern etliche Gebäude aus dem Erdboden stampft. Tatsächlich lebt er noch weitere 20 Jahre und seine Stadt ist heute eine Touristenattraktion.

7 Liter Wasser am Tag, sonst geht nichts: Wie lebt es sich im Death Valley?

Das Death Valley ist ohne Zweifel einer der lebensfeindlichsten Orte der USA, eine gut 13 000 Quadratkilometer große Wüste, in der am 10. Juli 1913 mit 56,7 Grad auch die höchste jemals auf der Welt gemessene Lufttemperatur registriert wurde. Trotz auch heute noch regelmäßiger Hitzespitzen von über 50 Grad leben hier Menschen, die unter anderem in dem berühmten Nationalpark vor Ort arbeiten. Sie können im Sommer eigentlich nur in den Morgen- und Abendstunden vor die Tür, müssen 7 Liter Wasser pro Tag trinken und bevor man mit Kindern einen Spielplatz besucht, muss jedes Gerät wegen möglicher Verbrennungen auf seine Temperatur kontrolliert werden. Wasser und Pflanzen sind Mangelware, gerade bei Ausflügen sind äußerste Vorsicht und Vorbereitung geboten. Der Grund für die Hitze findet sich in der geografischen Lage. Im Valley liegt der tiefste Punkt Nordamerikas, 86 Meter unter dem Meeresspiegel. Die umliegenden Bergketten im Westen halten Wind ab und sorgen dafür, dass sich die warme Luft vom Pazifik vorher abregnet. Somit kann auch kaum eine Vegetation entstehen, welche die Hitze zum Teil absorbieren könnte, die sich in der Ebene staut.

Eine Laune der Natur oder doch von Menschenhand geschaffen: Was hat es mit dem Yonaguni-Mythos auf sich?

Wer sich vor der Küste der Insel Yonaguni im äußersten Südwesten Japans mit Tauchausrüstung ins Meerwasser stürzt, dem begegnen zunächst gewöhnliche Steinformationen, wie man sie unter Wasser zuhauf überall auf der Welt findet. Dann aber werden die Kanten immer glatter, die Winkel deutlicher zu erkennen. Manche Ecken muten wie Treppen oder Kanalsysteme an, andere wie von Architekten entworfene Terrassen. Es könnte laut Forschern ungefähr 10 000 Jahre her sein, dass dieser Ort das letzte Mal über der Wasseroberfläche lag. Ist das

Yonaguni-Monument also ein Überbleibsel einer alten Hochkultur? Ein japanisches Atlantis, mitten im Ostchinesischen Meer? Es gibt Stimmen, die behaupten, dass der durch Zufall von einem Tauchlehrer entdeckte Ort natürlichen Ursprungs ist. Geologische Prozesse sollen am Werk gewesen sein, unter anderem Sandsteinerosionen und die Kraft der Strömung. So oder so, die sogenannten Unterwasserpyramiden locken Menschen aus der ganzen Welt auf die kleine Insel Yonaguni und alle wollen selbst dem großen Mythos auf die Spur gehen.

Unter Tage behält man nicht so leicht den Überblick: Wieso gibt es eine »zufällige« Grenze zwischen Deutschland und Österreich?

Der Salzbergbau auf dem Dürrnberg bei Hallein im Salzburger Land blickt auf eine lange und illustre Geschichte zurück. Schon vor 7000 Jahren sollen erste Grabungen erfolgt sein, die Kelten setzten die Tradition fort und auch in den letzten Jahrhunderten lebte die Region von dieser Industrie. Eines Tages ergibt sich aber eine skurrile Situation. Auf der Suche nach dem weißen Gold schürften die Österreicher munter vor sich hin und bemerkten aufgrund einer ertragreichen Ader gar nicht, dass sie dabei unterirdisch die Grenze zu Bayern überschritten hatten. Der zufällige Grenzübertritt regelte sich kurz darauf am Verhandlungstisch, wo die Bayern und das Bergwerk 1829 eine Nutzungsvereinbarung für den Stollen beschlossen, der unter anderem bayrischen Bergleuten Arbeit im Bergwerk zusicherte. Heute kann man die Grenze im Rahmen eines Besuchs der Salzwelten Salzburg erkunden, dem ältesten Besucherbergwerk der Welt.

Ein Ort, der einen scheinbar ins Mittelalter zurückversetzt: Wo verbirgt sich das versteckte Königreich von Nepal?

Ein Besuch in Mustang ist wie eine Zeitreise in eine alte Welt, der man nur mit einer beschwerlichen Anreise durch die Ausläufer des mächtigen Himalayas begegnen kann. Es ist nur einer der Gründe, warum das buddhistische Königreich mit seiner ungefähr 4000 Meter hohen Hauptstadt Lo Manthang sich einen einmaligen Charme aus Tradition und religiöser Anmut zum größten Teil bis heute bewahrt hat. Ein weiterer findet sich darin, dass es bis 1992 Touristen strengstens untersagt war, das Tal von der Größe Liechtensteins zu betreten. So wollten es die Menschen vor Ort, die den Wert der eigenen Kultur bewahren und ihn nicht von äußeren Einflüssen verwässert sehen wollten. Damit herrscht hier vielerorts noch ein Bild wie im Mittelalter, kaum etwas zeugt von Moderne, Traditionen leben in den rund 700 Einwohnern und einmaligen Monumenten weiter. Dabei ist Mustang offiziell gar kein Königreich mehr, denn es zählt seit 2008 eigentlich zur Republik Nepal.

Um sie herum liegen nur Geröll und Steine, trotzdem spenden sie Wasser: Wie funktionieren die Eiskegel von Ladakh?

Wo man hinsieht, prägen im Sommer Steine und Geröll das Bild in den Tälern von Ladakh, stolze und mächtige Berge wachen über die Landschaften des indischen Unionsterritoriums. Plötzlich taucht ein circa 20 Meter hoher Eiskegel auf, der wie ein kompletter Fremdkörper in der sonst schneelosen Umgebung wirkt. Die skurrile Erscheinung ist eine Art selbst geformter Gletscher, der sich einiger geologischer Prinzipien bedient. Durch die Kegelform mit seiner großen Masse und geringen Oberfläche schmilzt das Eis ungefähr dreimal langsamer, als es das auf flachem Untergrund tun würde, womit der Kegel auch in den wärmeren Monaten des Jahres die Menschen länger mit Wasser versorgen kann. Mit der Idee stemmen sich mehrere Dörfer gegen die Auswirkungen des Klimawandels und das Abschmelzen der lokalen Gletscher. Die sogenannten »Eis-Stupas« können bis zu 13 Millionen Liter Wasser speichern, funktionieren ohne Strom und werden durch Flusswasser gespeist. Die örtliche Bevölkerung stellt somit eine stetige Wasserversorgung sowie die Bewässerung ihrer Felder sicher.

Die vermutlich klimafreundlichste Insel der Welt: Wie funktioniert das Prinzip Samsø?

Die kleine Insel Samsø liegt im dänischen Kattegat in der Ostsee, beherbergt knapp 4000 Menschen und gilt als klimafreundlichste Insel der Welt. Sie nahm einst an einem Wettbewerb der dänischen Regierung teil und verpflichtete sich, innerhalb von zehn Jahren klimaneutral zu werden. Das Projekt der Energiewende im Kleinen gelang mit elf Windanlagen an Land sowie zehn weiteren offshore. Für diese wurden aber keine fernen Investoren ins Boot geholt, sondern die Windräder gehören den Menschen vor Ort, entweder ganz oder anteilig, womit sie finanzielle Anreize haben und mit dem eingespeisten Strom Geld verdienen können. Damit herrscht eine weitaus größere Akzeptanz, welche die Initiatoren von Samsøs Energieakademie dank eines Bottom-Up-Prinzips als Grundstein des Erfolgs sehen. Von Anfang an dachten sie vom Kleinen zum Großen, von einem Haus zum anderen, bis sich flächendeckend die einzelnen Bereiche zusammenfügten. Große Solardächer helfen heute bei der Umstellung auf Elektroautos, technologieoffen werden neue Start-ups kreiert und in der Schule wird mit einem Schulfach »Klimaschutz« weitere Sensibilität geschaffen.

KAPITEL 4

Kultur und Gesell-schaft

Der Traum ganz vieler Mädchenherzen: Kann man mit Barbies reich werden?

1959 macht sich eine blonde Schönheit namens Barbara Millicent Roberts auf, die Welt zu erobern. Sie tut es unter ihrem Spitznamen »Barbie« als gleichermaßen wandelbare wie umtriebige Ankleidepuppe und erlangt somit schon schnell Kultstatus. Jahr für Jahr kommen noch heute neueste Modelle auf den Markt und wecken neben dem Spieltrieb auch reihenweise Begehrlichkeiten bei Sammlern, die sich mit der Zeit imposante und vor allem wertvolle Kollektionen aufbauen. Besonders gefragt sind dabei Sondereditionen und original verpackte Puppen mit komplettem Zubehör, gerade bei den historischen Modellen. Der Wert so mancher Puppe hat sich mit der Zeit vervielfacht, die Stefano-Canturi-Barbie hat dank echter Diamanten sogar 302 500 US-Dollar bei einer Auktion für einen guten Zweck eingebracht. Einfach ist das Geschäft mit den kleinen Mannequins jedoch nicht, schwanken die Preise zeitweise doch stärker als so mancher Aktienkurs. Die größte Sammlung der Welt gehört übrigens der Deutschen Bettina Dorfmann, die mit ihren 18 000 Puppen im Guinness Buch der Rekorde verewigt ist. Mit Greta Gerwigs Kino-Blockbuster »Barbie«, der 2023 in die Kinos kommt und weltweit weit über 1 Milliarde US-Dollar einspielt, dürfte der Wert der Kollektion sicherlich nicht gefallen sein.

Die Heilige mit dem Totenkopf und der Sense in der Hand: Was steckt hinter dem Totenkult »Santa Muerte«?

Schon ihr Name klingt sagenumwoben und durchaus furchteinflößend: *Santa Muerte* heißt so viel wie »Heilige Frau Tod« oder »heiliger Tod« und ist eine weibliche Heiligenfigur aus Mexiko, die traditionell als Skelett mit Sense in der Hand dargestellt wird. Dieser religiöse Kult ist eine der am schnellsten wachsenden Glaubensrichtungen der Welt und soll vor allem dank Lateinamerika, Kuba und den USA schon an die zwölf Millionen Anhänger besitzen. In seiner mexikanischen Heimat liegt dieser Boom vor allem daran, dass viele ihr Vertrauen in die katholische Kirche verloren haben und der Staat wie auch andernorts ebenfalls seine Schwierigkeiten hat, dauerhaft Gesundheit, Bildung sowie Gerechtigkeit für die Bürger zu garantieren. *Santa Muerte* dagegen verspricht eben dies und weitere Dinge, laut den Anhängern muss man sich mit ihr gut stellen, schließlich ruft sie jeden irgendwann zu sich. Der besondere Stellenwert des Todes in Mexiko unterstützt die Wirkung dabei ebenso wie der Hintergrund vieler Anhänger, die nicht selten durch prekäre Lebensumstände direkt mit dem Tod konfrontiert werden. Früher galt dies vor allem für Kriminelle, mittlerweile sind aber auch sehr viele Polizisten und Soldaten dem Kult zugetan, der sich letztendlich durch alle Bevölkerungsschichten zieht. Er ist also doch nicht ganz so furchteinflößend, wie sein Name oder das Heiligenbild der *Santa Muerte* vermuten ließen.

Mit *Hygge* zu einem der glücklichsten Länder der Welt: Was kann man sich von den Dänen abschauen?

Seit einiger Zeit weiß man, dass die Dänen eines der glücklichsten Völker der Welt sind. Im World Happiness Report der Vereinten Nationen rangierten sie einige Zeit ganz vorne, weil ihr Land die beste Kumulation aus logarithmiertem Bruttoinlandsprodukt, sozialer Unterstützung, Lebenserwartung, Entscheidungsfreiheit, Großzügigkeit und Korruptionseindämmung bot. Finnland macht ihnen jüngst in jenem Ranking Konkurrenz, die Tatsache, dass die Dänen ganz zufrieden mit sich und dem Leben sind, bleibt aber bestehen. Ihr Land bietet tolle Küstenregionen, atemberaubende Natur, ein extrem gutes Sozialsystem, ist auf Gleichberechtigung der Geschlechter fokussiert und Arbeit wird gut bezahlt. Gleichermaßen herrschen ein gesunder Patriotismus, ein starker Familiensinn sowie ein Bewusstsein für die eigene Heimat, nicht umsonst schmücken viele Dänen ihre Häuser mit der eigenen Flagge. Für ihre Lebensphilosophie, ihre Art, Freizeit zu gestalten, und die gemütliche Behaglichkeit, mit der sie dem Alltag begegnen, haben die Dänen auch ein ganz bestimmtes Wort: *Hygge*. Was an sich schon irgendwie glücklich klingt.

Kinovergnügen *made in Africa*: Was versteht Tansania unter »Bongo-Filmen«?

Hollywood als cineastische Institution ist weltweit bekannt, die vielen als Bollywood bekannten Hindi-Filme aus Indien ebenfalls. Aber was sind »Bongo Movies«? Sie sind die tansanische Antwort auf die große Filmindustrie – bodenständig, mit viel Lokalkolorit und ungemein beliebt bei der eigenen Bevölkerung. Entgegen teuren Produktionen großer Filmgesellschaften entstand diese Form des Kinos buchstäblich um die Ecke, gefilmt mit Camcorder und mit Darstellern aus dem normalen Leben. Vornehmlich befassen sich die Streifen mit Geschichten aus dem tansanischen Alltag, verfangen daher ungemein bei den Bewohnern des Landes, die in Filmen vor allem ungezwungene Unterhaltung suchen. Hauptsächlich nutzen sie dafür DVDs, die in speziellen Bongo Shops für kleines Geld zu kaufen sind. Es gibt zwar auch den Streamingdienst Swahiliflix, dieser ist aber vielen zu teuer und auch das Internet im ostafrikanischen Land glänzt nicht immer mit Verlässlichkeit. Dem Geschäft mit den Filmen tut dies natürlich überhaupt keinen Abbruch, im Gegenteil: Hinter Nigeria ist Tansania der zweitgrößte Filmproduzent des afrikanischen Kontinents.

Frontalunterricht war gestern: Worauf setzen moderne und innovative Schulkonzepte?

Bildung ist ein hohes Gut und viele Länder der Welt fangen an, das Thema Schule und Lernen komplett neu zu denken. Ein Ansatz in Dänemark ist dabei zum Beispiel das Gebäude als Open Workspace, in dem sich die Schüler in Abwesenheit traditioneller Klassenzimmer frei bewegen können. Glaswände, bewegliche Schiebetüren, verschiedene Ebenen oder separate Lernplätze im Großraum – alles ist nah an so mancher späteren Realität im Berufsleben. Interaktion, Selbstständigkeit und Austausch werden gesteigert, die Architektur als Faktor verstanden, zum

Beispiel mit Treppen zur Bewegungsförderung. Digitales Arbeiten spielt eine große Rolle, ebenso wie das Ermutigen zur autonomen Arbeit. Die Lehrer leben dabei die von den Schülern verlangte Transparenz, sind ansprechbar, offen und selbst jederzeit im verglasten Lehrerzimmer erreichbar. Individuelle Kompetenzraster ermöglichen es den Schülern einerseits, voneinander unabhängig zu lernen, gleichzeitig aber auch, sich gegenseitig zu unterstützen. Freiheit, Lernen durch eigene Erfahrungen und der Gebrauch von modernen Techniken werden großgeschrieben. Im Kern liegt dabei die Philosophie, den Schüler als eigenständige Persönlichkeit wahrzunehmen und ihm ein hohes Maß an Vertrauen entgegenzubringen.

Schätze auf dem Dachboden: Warum erleben viele Sammlerstücke heute eine Renaissance?

Fußballsticker, Brettspiele, Spielzeug, Gamingkonsolen, Sport- oder Pokémonkarten – es gibt eigentlich nichts, was Menschen nicht sammeln. Und damit wird so manche vergessene Umzugskiste auf dem Dachboden der Großeltern zum ungeahnten Schatz. Mittlerweile sind viele Dinge, die einst Kinderherzen höherschlagen ließen, nämlich extrem wertvoll, es geht sogar so weit, dass reihenweise Menschen die Sammlerobjekte als seriöse Wertanlage betrachten. Kein Wunder, erzielt zum Beispiel ein original eingepackter Gameboy mittlerweile fünfstellige Beträge und kann eine Karte des beliebten Pokémon Glurak aus der richtigen Edition ebenfalls eine kleine Immobilie bezahlen. Lange Zeit galt in diesem Bereich die »T206 Honus Wagner« als eine Art Heiliger Gral, eine seltene Baseballkarte aus den Jahren 1909 bis 1911, die früher in Zigarettenpäckchen beigelegt wurde. 2023 setzte aber die legendäre 1952er Topps-Karte vom großen New-York-Yankees-Helden Mickey Mantle neue Maßstäbe, als sie für schwindelerregende 12,6 Millionen US-Dollar versteigert wurde. Nicht schlecht für ein früher unschuldiges Stückchen Pappe, das Kinder sich einst einfach so zum Spaß in die Fahrradspeichen steckten!

Von zu Hause aus mit ein paar Klicks in die Ausstellung: Wie könnte das Museum der Zukunft aussehen?

Schon in der COVID-19-Pandemie haben Museen versucht, ihre Türen den Menschen auf digitalem Wege offen zu halten. Der vermeintliche Feldversuch war aber nur ein Auswuchs einer Entwicklung, die in vielen Häusern schon länger eine Rolle spielte. Das Museum für Naturkunde in Berlin ist eines davon und es setzt auch künftig voll auf Digitalisierung. Dies liegt nicht nur daran, dass man gerne per Internet mehr Menschen erreichen und eine offene Wissensinfrastruktur für jeden nutzbar machen möchte. Man will neben der Präsentation aller 30 Millionen Objekte, von denen viele hinter verschlossenen Türen schlummern, mithilfe hochauflösender Fotos diese auch schlichtweg erhalten und absichern. Zwar überstanden etliche alte Exponate bereits zwei Weltkriege, doch gefräßige Museumskäfer, zeitliche Abnutzung oder Unfälle gefährden die teilweise einmaligen Objekte immer wieder. Eine digitale Datenbank soll das Wissen bewahren. Ebenso treibt das Museum viele Projekte wie digitale Führungen oder eigene Wissenspodcasts voran, um die Wissenschaft zugänglicher zu machen.

Von Balkonkräutern bis hin zu eigenen Nutztieren: Wie lässt sich Selbstversorgung gestalten?

Gerade seit der COVID-19-Pandemie liegt es wieder voll im Trend: die Selbstversorgung mit eigenem Gemüse und Obst. Es ist ein Stück weit ein Schritt zurück zur Natur, mit einem wiedererstarkten Bewusstsein für einen nicht unerheblichen Teil des Lebens namens Ernährung. Nun darf unter dem Begriff Selbstversorgung nicht sofort eine komplett autarke Ernährung verstanden werden, sondern das Prinzip ist vielmehr ein Prozess aus vielen Schritten, von denen jeder selbst entscheiden kann, welche er davon gehen möchte. In der Stadtwohnung mit Minibalkon lassen sich keine großen Beete anlegen, Kräutertöpfe oder Tomaten in Kübeln funktionieren meist aber hervorragend. Im Garten sind die Möglichkeiten natürlich deutlich vielfältiger. Dabei diktiert die Jahreszeit, was angebaut wird, man sollte auf die richtigen Bodenverhältnisse für das jeweilige Gemüse oder Obst achten und dazu Fruchtfolgen einhalten, also Beete nach vorgeschriebenen Reihenfolgen bepflanzen. Viele Erzeugnisse kann man einwecken und für Monate oder länger haltbar machen. Selbst vermeintliches Unkraut wie die Brennnessel lässt sich zu Dünger oder Tee verarbeiten, nährstoffreicher Kompost ist auch ganz einfach selbst herstellbar. Auch im Wald ist es möglich, Kräuter und Pilze für den Eigenbedarf zu sammeln, natürlich nur mit entsprechenden Vorkenntnissen. Das nächste Level sind Nutztiere wie Hühner oder sogar Schafe, die dann aber schon ein wenig mehr Platz und Pflege bedürfen.

Die besten Tipps von Flugbegleitern: Wie kann man besser und entspannter fliegen?

Ein Flug in den Urlaub kann mit mangelnder Vorbereitung ein ganz schön stressiges Unterfangen werden, dabei gibt es eine ganze Reihe an Lifehacks, wie man sich den Trip über den Wolken angenehmer gestalten kann. Alles beginnt mit einer guten Vorbereitung, für die zum Beispiel neben diversen Apps eine digitale Packliste hilft, die leicht auf dem Handy zu erstellen ist. Eine leere Wasserflasche kommt problemlos durch den Sicherheitscheck, lässt sich später auffüllen und sie spart sogar enorm Platz, wenn man eine faltbare verwendet. Wer einen eigenen Becher und Teebeutel mitnimmt, kann vom kostenlosen heißen Wasser im Flieger profitieren, welches auch für Wärmflaschen verlangt werden darf. Wer leicht zu Übelkeit neigt, für den empfehlen sich Plätze in der Mitte des Flugzeugs. Hier über den Tragflächen wirkt sich die sogenannte Hebelwirkung der Maschine am geringsten aus. Gleichermaßen bietet sich in dieser Situation ein Fensterplatz an, da das Gehirn mit dem Blick nach draußen die Bewegungen besser einordnen kann. Bucht man einen Platz hinten im Flugzeug, sind die Chancen auf einen freien Nebenplatz höher, da Airlines von vorne nach hinten besetzen. Aber Vorsicht vor der letzten Reihe, hier ist es durch die Nähe zur Bordküche oder der Toilette meist umtriebiger und die Rückenlehne lässt sich nicht komplett absenken.

Gemeinschaftskühlschränke gegen Food Waste: Was steckt hinter dem New Yorker *Fridge Movement*?

Es gibt eigentlich nichts, das man auf den Straßen von New York City nicht findet, dieser pulsierenden Metropole, die dem Sprichwort nach niemals schläft. Seit einigen Jahren erblickt man hier auch immer mal wieder Kühlschränke, die Schriftzüge wie *Free Food* oder *Community Fridge* zieren. Die Idee hinter dem *Fridge Movement*, übersetzt »Kühlschrankbewegung«, ist es, Bedürftigen Produkte zur Verfügung zu stellen, die gekühlt werden müssen, und gleichzeitig etwas gegen die Essensverschwendung zu tun. In den USA wandern rund 100 Millionen Tonnen essbarer Lebensmittel jährlich in den Müll. Dank der Gemeinschaftskühlschränke finden viele dieser Artikel noch einen Abnehmer, denn trotz kleiner Mängel oder einem knappen Haltbarkeitsdatum sind sie für etliche Menschen ein Segen. Spenden von Supermärkten, Restaurants oder Läden machen das Gros des Angebots aus. Mittlerweile gibt es über 120 dieser Kühlschränke im Big Apple, die von mehr als 70 Freiwilligen betreut werden. Tendenz steigend. Auch in Deutschland gibt es verschiedene Foodsharing-Modelle, die zumeist lokal und ehrenamtlich organisiert sind.

Defekt, falscher Artikel oder gefällt einfach nicht: Was passiert in Deutschland mit zurückgegebener Ware?

Onlinehandel boomt, natürlich auch in Deutschland. In einem Bereich liegen die Deutschen sogar ganz vorne im europäischen Vergleich: In keinem anderen Land werden so viele Retouren zum Händler zurückgeschickt. Nach einer wissenschaftlichen Schätzung sind es pro Jahr über 315 Millionen Pakete, was in etwa jedem vierten Paket entspricht. Für ein Retourencenter eines großen Handels bedeutet dies täglich ungefähr 20 Lkw-Ladungen retournierter Ware, pro Ladung kommt man dabei auf ungefähr 2000 Pakete. Diese werden einzeln abgeladen und gehen dann zu speziellen Gutachtern, die jedes einzelne Stück unter die Lupe nehmen. Ist die Ware noch neuwertig, sind angegebene Mängel tatsächlich vorhanden? Es sind nur ein paar der unzähligen Fragen, die es zu klären gilt. Nach der Begutachtung werden die Artikel sortiert und landen dabei meist auf unterschiedliche Art wieder im Handel, zum Beispiel weiterhin als Neuware, im Sonderverkauf oder als reduzierte Gebrauchtartikel. Spezialfälle wie defekte Elektrogeräte können oft schon vom hauseigenen Reparaturservice flottgemacht und dann wieder auf den Weg gebracht werden.

Der Wettlauf mit der Innovation: Wie lebt es sich für junge Menschen im Silicon Valley?

80 Kilometer lang, 20 Kilometer breit, Heimat von mehr als drei Millionen Menschen und 7000 Firmen – das Silicon Valley in Nordkalifornien hat den Ruf, der innovativste Ort der Welt zu sein. Dementsprechend hoch ist aber hier auch der Druck auf die Jugend, sich im Rennen um neue Ideen und zukunftsweisende Innovationen zu behaupten. Es gibt bereits spezielle Highschools, in denen Fächer wie *Coding*, *Robotics*

oder *Technical Design* auf dem Stundenplan stehen. Hier endet der Schultag mitsamt schuleigenen Forschungsprojekten regelmäßig um 22 Uhr und später. Für viele Schüler lautet das Ziel, zu den lediglich 4 Prozent zu gehören, die an der renommierten Stanford University vor Ort angenommen werden. Die Plätze im Hightech-Hub sind so begehrt, dass Studenten aufgrund horrender Immobilienpreise sogar in Wohnwagen übernachten, nur um Teil eines großen Ganzen zu sein und eine unvergleichbare Ausbildung zu erhalten. Jeder hat quasi eigene Start-ups und Projekte, die während des Studiums vorangetrieben werden. Eine Schattenseite gibt es aber auch: Im Valley ist die Selbstmordrate aufgrund des enormen Leistungsdrucks unter Jugendlichen viermal so hoch wie landesweit. Für den Großteil der Jugendlichen bleibt die Jagd nach Fortschritt aber eher Lebensaufgabe als Bürde.

Das Wesen des Tieres im Auge: Wie kann Tierhaltung 2.0 funktionieren?

Biologisch, ökologisch, nachhaltig – es sind Begriffe, welche die Tierhaltung der Zukunft prägen sollen. Nur was bedeutet dies in der Praxis? Ein wichtiger Grundbaustein fairer Tierhaltung ist es, die Situation aus der Sicht der Tiere zu betrachten. Was sind ihre natürlichen Bedürfnisse, wo fühlen sie sich wohl, wie würden sie in der Natur leben? Für die Schweinezucht gibt es zum Beispiel das Modell der Waldhaltung. Hierbei gehen die Tiere neben einer großflächigen Weide auch in den Wald und können sich dort nach Herzenslust austoben. Nicht nur die Laune, sondern auch die Fleischqualität wird dabei deutlich gesteigert: Durch mehr Bewegung und weniger Stress ist der intramuskuläre Fettgehalt höher, was zarteres Fleisch bedeutet. Ebenso naturnah züchten manche Imker ihre Bienen. Die Zeidlerei lässt Bienen im Wald in einem hohlen Baum selbst Waben errichten und sie in ganz natürlichen Verhältnissen leben. Ähnliches versucht man auch beim sogenannten »Kuhgarten« aus den Niederlanden zu schaffen, wo ein großflächiger Offenstall mit Grünpflanzen bestückt und organischer Boden aufgebracht wird. Diese Haltungen schlagen sich zwar später in den Preisen nieder, dafür aber eben auch auf vielen anderen Ebenen. Nicht zuletzt im Wohl der Tiere selbst.

Für Liebhaber waren sie nie weg: Warum boomt das Geschäft mit Schallplatten wieder?

Einem echten Liebhaber etwas vom vorübergehenden Verschwinden der Schallplatte zu erzählen kommt wohl einem Frevel gleich, die zeitweilige Flaute bei den Vinyl-Verkäufen lässt sich jedoch trotz so mancher »Sie war nie weg«-Bekundung nicht leugnen. Mit Aufkommen der CD in den frühen 1980er-Jahren bekam der Schallplattenmarkt einen flächendeckenden Sprung und sank ins schier Bodenlose. In den frühen 2000er-Jahren dann aber die Renaissance: Trotz Streamingdiensten steigen weltweit die Verkaufszahlen bei Schallplatten, das kultige Sammlerobjekt wird wieder massentauglich und in den USA wurden jüngst sogar mehr Platten als CDs verkauft. Die Gründe für den Boom sind vielfältig: In einer immer schnelleren digitalen Welt sehnen sich etliche

Menschen nach Haptik, Ästhetik und Nostalgie, die sich obendrein auch noch perfekt zum Sammeln eignet. Das Hören von Musik gewinnt an Bedeutung durch das Ritual des Auflegens, es erlangt wieder eine neue Wertigkeit und viele Hörer genießen einen besonderen Klang. Selbst viele moderne Künstler produzieren wieder auf Vinyl, viele sogar in Deutschland. In der Kleinstadt Röbel auf der Mecklenburgischen Seenplatte steht eine der größten Vinylproduktionsstätten der Welt, die monatlich um die 2,5 Millionen Tonträger presst. Tendenz steigend.

Großer Traum vom kleinen Eigenheim: Wo liegt die Zukunft der *Tiny Houses*?

Die Idee der *Tiny Houses* ist schon mehrere Jahrzehnte alt, in verschiedenen Ländern von Japan bis Großbritannien reagierten Architekten damit auf den Trend steigender Energiepreise und schwer zu verwirklichender Eigenheimideen junger Menschen. In den USA nahm die Bewegung dann nach der Jahrtausendwende richtig Fahrt auf und mittlerweile wundern sich die Menschen schon nicht mehr so sehr, wenn sie ein clever geplantes Miniaturhaus in der Nachbarschaft sehen, welches ein Maximum aus einem Minimum an Raum macht. Der Fantasie sind dabei selten Grenzen gesetzt, autarke Modelle sind längst in aller Munde und auch stilistisch ist von modern bis zum urigen Holzlook alles dabei. Der neueste Trend könnte jedoch eine echte Revolution bedeuten: In den USA hat ein Unternehmen eine Möglichkeit entwickelt, das Haus durch leichte Materialien und eine bestimmte Anordnung »faltbar« zu machen. Dabei wird das Haus im Werk komplett fertiggestellt, für den Transport zusammengeklappt und hinterher in nur wenigen Stunden wieder aufgebaut. Dadurch spart man Transport- wie Produktionskosten und es sind auch viele Kombinationsmöglichkeiten mit mehreren Einheiten denkbar.

Noch einmal so richtig Kind sein: Warum fasziniert das Bällebad auch Erwachsene so sehr?

Ein Bällebad ist nur was für Kinder, oder? Von wegen! Irgendwo im Herzen schlummert auch bei vielen Erwachsenen die Liebe zum Planschbecken voller Kunststoffbälle und ein dortiges Untertauchen versetzt einen direkt wieder in die heimelige Welt eines Kindergeburtstags. Dies machen sich so einige Unternehmer zunutze. So kann man längst Bällebäder auch für Erwachsenenevents mieten und in London hat sich eine Cocktailbar mit dem passenden Namen »Ballie Ballerson« dank ihres Bällebads im Keller einen geradezu legendären Ruf erarbeitet. Die zeitlich begrenzten Plätze inmitten der circa 250 000 von LED-Lichtern erleuchteten Bälle sind schon Wochen im Voraus ausgebucht. Auch der körperlichen Fitness kann ein Bällebad durchaus zuträglich sein, zum Beispiel wenn es als Station in einem sogenannten *Ninja-Race* integriert ist. Denn so lustig die Bälle aussehen, ab einer gewissen Menge oder auch Größe können sie nämlich schnell zum echten Hindernis werden. Natürlich nicht auf dem Weg, sich wieder als Kind zu fühlen.

Eine hochexplosive Tradition: Was passiert beim legendären Feuerwerksfestival von Tultepec?

Die mexikanische Kleinstadt Tultepec ist ein Ort, dessen Seele unweigerlich mit Schwarzpulver verbunden ist und dessen Herz erst so richtig in Wallung kommt, wenn es funkelnd am Nachthimmel explodiert. 35 Kilometer nördlich von Mexiko City liegt dieses Epizentrum der Pyrotechnikindustrie, für die das Land in Mittelamerika weltberühmt ist und welche sie jedes Jahr mit der »Feria Nacional de la Pirotecnia« zelebriert. Eines der größten Feuerwerksfestivals der Welt versetzt über 200 000 Menschen in einen Ausnahmezustand. Riesige Wagen in Form von Stieren werden durch die Straßen geschoben, bis hin zum großen Eventgelände. Auf einer Fläche von vier Fußballfeldern werden die jeweils Tausenden Feuerwerkskörper entzündet und erhellen die dunkle Nacht. Voller Adrenalin feiern die Menschen mit jeder Explosion ausgelassener und huldigen ihrer Geschichte sowie der Kultur des Feuerwerks an sich. Zwar ist es ein buchstäbliches Spiel mit dem Feuer und birgt durchaus Risiken, aber als fester Bestandteil ihres Lebens seit über 150 Jahren ist es für die Menschen in Tultepec längst mehr als eine bloße Tradition.

Für Helden und mit Herz: Was treibt den wohl jüngsten CEO der Welt an?

Während der COVID-19-Pandemie blickt der vierjährige Justyn Boumah einst aus dem Fenster und sieht, wie die Müllabfuhr seiner Heimatstadt Las Vegas ihren Dienst verrichtet.

Anderen wurde im Fernsehen applaudiert, warum ihnen nicht, möchte er von seinen Eltern wissen. Und beim nächsten Besuch der Müllwerker steht er mit seiner Oma draußen und dankt ihnen mit Snacks sowie einem kühlen Getränk. Die Idee für Heroes & Hearts ist geboren, eine Organisation, die fortan vielen Menschen danken und Aufmerksamkeit schenken möchte, die sie verdient haben. Ganz vorne mit dabei: Justyn selbst als CEO! Der Einserschüler schiebt Projekte an und setzt sich ein, egal ob beim Cupcakes-Backen für Wahlhelfer, dem Beschenken von Feuerwehrleuten oder dem Bau einer Bibliothek für ukrainische Flüchtlinge in Polen. Dabei ist er vor allem mit einem voll und ganz dabei – mit seinem Herzen.

Sorgen um Energiepreise waren gestern: Was braucht man für eine möglichst autarke Versorgung?

Ein Leben in völliger Autarkie ist in Deutschland aufgrund bestimmter Gesetze schwierig, zum Beispiel gibt es eine Pflicht zur Krankenversicherung sowie in der Regel auch zum Anschluss an das Abwassersystem. Im Zuge steigender Energiepreise sehnen sich dennoch immer mehr Menschen nach einem gewissen Maß an Unabhängigkeit vom Netz und greifen daher auf verschiedenste Möglichkeiten zurück, sich selbst zu versorgen. In Sachen Strom sind vor allem Solaranlagen immer beliebter, die gut in Kombination mit einer kleinen Windkraftanlage oder einem kleinen Blockheizkraftwerk funktionieren. Eine Speicherung ist bei der Größenordnung eines Privathaushalts lokal und bei dementsprechendem Monitoring zumindest denkbar. Auch eine eigene Biogasanlage ist daheim von Nutzen, in der man mithilfe organischen Materials sein eigenes Gas produzieren kann. Weitere Klassiker der Selbstversorgung sind ein Holzofen, Wassertanks oder eine eigene Mini-Kläranlage. Bei all diesen Varianten geht auch ein bewussterer Umgang mit Ressourcen einher, welcher im Alltag oftmals erfinderisch macht und den eigenen Bedarf herunterschraubt.

City Life auf verschiedenen Stockwerken: Ist das Prinzip Almere die Rettung der Innenstädte?

Die modernen Innenstädte stehen vor ausgemachten Problemen: Menschen wohnen oft zu weit weg, es gibt zu viel Verkehr, zu wenig Grün und im Sommer heizen sich Beton sowie Asphalt extrem auf. Einen Ansatz für die Lösung liefert das niederländische Almere. Beim Pilotprojekt »De Citadel« existiert eine Innenstadt auf drei verschiedenen aufeinanderliegenden Stockwerken. Im Untergrund fließt der Verkehr, in der Mitte laden Geschäfte zum Shopping ein und oben wohnen die Menschen. Dabei ähnelt die oberste Ebene eher einer normalen Vorstadtsiedlung als einer Innenstadt, Arbeitswege sind potenziell extrem kurz und die Läden profitieren vom höheren Besucheraufkommen. Almere bot sich für eine derartige Idee allerdings auch an, denn die junge Stadt wurde mehr oder minder am Reißbrett entworfen und es gab wenig alte Bausubstanz oder denkmalgeschützte Gebäude. Umdenken tun dennoch auch viele andere Städte und entwerfen zukunftsweisende Projekte. So gilt Basel zum Beispiel als weltweiter Vorreiter für temperaturregulierende Dachbegrünung in Innenstädten und Paris schiebt eine Neukonzeption der berühmten Champs-Élysées zurück zu einer begrünten fußgängerfreundlichen Flaniermeile an.

Alles andere als weich: Ist eine Kissenschlacht echter Kampfsport?

Ob im Ferienlager oder mit den Freunden daheim, die ein oder andere Kissenschlacht hat wohl jeder schon durchgestanden. Talente werden hier aber erst seit ganz kurzer Zeit gescoutet, denn in den USA ist *Pillow Fighting* ein echter Kampfsport. Wer das nicht glaubt, der muss sich nur den achteckigen Ringkäfig angucken, der dem des berühmten Octagon beim UFC oder MMA in nichts nachsteht. In jenem prügeln die Kontrahenten mit speziellen Kissen aufeinander ein, die an den Seiten Schlaufen zum Schwingen haben. Sie sind 1 Kilogramm schwer, mit Schaumstoff gefüllt und dürfen nur mit einer Hand benutzt werden. Beim Training werden Techniken aus verschiedenen Sportarten wie Tennis, Baseball oder dem Boxen eingeübt, um schließlich im echten Kampf via Kopftreffer zu punkten. Den Gegner auf die Matte schicken bringt dreimal so viele Wertungspunkte. Die Sportart ist wenig überraschend noch sehr jung, es gibt allerdings bereits Sponsoren und die ein oder andere Pay-per-View-Übertragung lief auch schon. Und als Fitness-Work-out hat es so oder so Potenzial, wie man sicher noch aus den eigenen Kindertagen weiß.

Zuckerverbot und Massagepflicht: Wird man im diszipliniertesten Dorf der Welt glücklich?

In Dimona in Israel gibt es ein kleines Dorf mit dem klangvollen Namen »Village of Peace«. Es wurde einst vom spirituellen Führer der afrikanisch-hebräischen Israeliten Jerusalems Ben Ammi gegründet, den Nachfahren früherer, nach Amerika verschleppter Sklaven, die nun unter anderem in ihrer Gemeinde in ihre ursprüngliche Heimat zurückgekehrt sind und in Einklang mit dem Staat Israel leben. Dies tun die 500 Einwohner auf besondere Weise: Sie leben komplett vegan, verzichten dreimal pro Woche auf Salz und essen vier Wochen im Jahr keinen Zucker. Was im ersten Moment wie strengster Verzicht erscheint, ist traditionell gefestigt und mit besonderem Bewusstsein für die eigene Gesundheit ausstaffiert. Hierzu zählt auch, dass man dreimal pro Woche Sport machen und einmal im Monat zu einer verpflichtenden Massage gehen muss. All dies geschieht ohne Kontrolle oder Sanktionierung, dafür aus Überzeugung. Der Dank dafür ist eine gut aufgelegte Dorfgemeinschaft, die sich neben religiösen Mantras hauptsächlich vieler einfacher Grundprinzipien zufriedenen Lebens bedient und zudem eine hohe Lebenserwartung ihr Eigen nennen kann.

KAPITEL 5

Geschichte und Politik

Ein Traum zerplatzt im brasilianischen Urwald: Warum wurde Fordlândia aufgegeben?

Fordlândia ist ein Mythos tief im brasilianischen Amazonas, dessen utopische Grandeur letztendlich vom Fiasko seines Scheiterns übertrumpft wurde. In den 1920er-Jahren will Autohersteller Henry Ford mitten im Regenwald fernab jeglicher Zivilisation eine Kautschukplantage errichten und hier Reifen herstellen. Dazu stampft er eine komplette Kleinstadt inklusive Produktionsstätte wie in seiner Heimat Michigan aus dem Boden, mit Kino, Krankenhaus, vermeintlichem Vorstadtidyll und allem, was dazugehört. Die US-Manager haben aber kaum Kenntnisse über die lokale Landwirtschaft, ihr Wissen über die Natur ist bestenfalls rudimentär und das Leben in den Tropen macht ihnen schwer zu schaffen. Im Gegenzug dazu fremdeln die brasilianischen Arbeiter mit den Regeln ihrer Bosse, der *American Way of Life* verfängt nie. Schädlingsplagen, Erdrutsche und Krankheiten vernichten große Teile der ohnehin geringen Ernten. 1945 zieht Ford die Reißleine und verkauft den Ort zurück an die brasilianische Regierung. Noch heute leben gut 1000 Einwohner in der abgelegenen Stadt, neben unzähligen alten Maschinen, die von einem gescheiterten Traum erzählen.

Ein Areal 25-mal so groß wie das Kolosseum: Wo liegt Kaiser Neros goldener Palast?

Die Ewige Stadt Rom geriert sich manchmal wie ein stehen gebliebenes Stück Menschheitsgeschichte, die imposanten Bauten der Vergangenheit ziehen jährlich Millionen von Touristen an. Eine versteckte Attraktion ist dabei die »Domus Aurea«, das »goldene Haus« von Kaiser Nero höchstpersönlich. Man sieht es oberflächlich gar nicht, denn es liegt unterirdisch unter den Trajansthermen und wurde erst im 15. Jahrhundert wiederentdeckt. Der einst prunkvolle Palast umfasste eine Gesamtfläche von 80 Hektar oder 112 Fußballfeldern, womit er etwa 25-mal so groß wie das benachbarte Kolosseum war. Die Pracht der Anlage lässt sich heute per Virtual Reality erleben, unter anderem sieht man Marmor und Stuck im Überfluss, gigantische Gärten mitsamt eigenen Weinbergen und eine 35 Meter hohe goldene Statur des Kaisers. Böse Zungen behaupten allerdings, er habe den großen Brand Roms im Jahr 64 selbst gelegt, um Platz für sein Megaprojekt zu schaffen.

Ein Stückchen Amerika in Deutschland: Was versteckt sich in der Ramstein Air Base?

Die GIs können hier in einer echten US-Shoppingmall heimische Produkte kaufen, fahren auf breiteren Straßen und schicken ihre Kinder auf eine typische Highschool. Hinter den streng bewachten Toren der Ramstein Air Base verbirgt sich ein echtes Stück Amerika auf deutschem Boden, obwohl man sich mitten in *good ol' Germany* befindet. 14 Quadratkilometer ist sie groß, sie beherbergt die NATO-Kommandozentrale und gilt als die wichtigste US-amerikanische Militärbasis außerhalb der Vereinigten Staaten. Die Ramstein Air Base liegt zwischen Saarbrücken und Kaiserslautern, wo einst die deutsche Luftwaffe im Zweiten Weltkrieg einen Teil der Reichsautobahn als Behelfsflugplatz nutzt. Diesen nimmt die US-Armee gegen Kriegsende ein und baut 1951 eine eigene Militärbasis auf dem großen Areal. Heute ist sie ein zentral gelegener Knotenpunkt, über welchen das US-Militär unzählige Menschen und tonnenweise Material stetig um den Erdball bewegt, unter anderem nach Afrika oder in den Nahen Osten.

Geboren im Schatten des Zweiten Weltkrieges: Was ist ein Reichstagsbaby?

In der Geschichte Berlins gibt es rund 60 Kinder, die beim Geburtsort in ihrer Geburtsurkunde einen durchaus besonderen Eintrag finden. Dort steht nämlich »geboren in Berlin, im Reichstagsgebäude«. Im heutigen Sitz des Deutschen Bundestages? Ganz genau und zwar im Keller. Dieser wird während des Zweiten Weltkriegs im nordöstlichen Teil unter anderem zu einem Luftschutzbunker ausgebaut und beherbergt in den letzten zwei Kriegsjahren auch einen Schutzraum für Schwangere. Angehende Mütter können hier Nacht für Nacht in verhältnismäßiger Ruhe und Sicherheit auf die Geburt ihres Kindes warten und schließlich ihre Kleinen im Extremfall auch zur Welt bringen. Neben dem besonderen Eintrag in die Geburtsurkunde genießen die Kinder, die von den Berlinern liebevoll »Reichstagsbabys« genannt werden, Zeit ihres Lebens noch eine weitere Besonderheit: Gegen Vorlage ihrer Geburtsdokumente können sie direkt an den Besucherschlangen am Reichstag vorbeigehen und zu jeder Zeit problemlos ins Innere des Gebäudes gelangen. Beziehungsweise an ihren Geburtsort.

Er beschrieb im Kalten Krieg die Apokalypse: Gab es den berühmten »roten Knopf« wirklich?

Es ist das große Schreckensszenario für die westliche Welt im Kalten Krieg: Der Finger eines sowjetischen Militärs bewegt sich auf einen roten Knopf zu und löst mit dem Drücken einen atomaren wie verheerenden Dritten Weltkrieg aus. Hollywood, die Presse – viele bedienen sich ihrer Zeit dieses Bildnisses des Raketenstarts. Dabei war der rote Knopf weder rot, noch war es ein einziger Knopfdruck, der die vermeintliche Apokalypse ausgelöst hätte.

Die geheimen Abschussbasen der ehemaligen Sowjetunion befinden sich einst bis zu 45 Meter unter der Erde und ihr Personal kann dort sieben Wochen autark überleben. Egal ob Erstschlag oder Reaktion auf einen amerikanischen Angriff, es herrscht eine klar definierte Befehlskette für den Start der Interkontinentalraketen. Der Generalsekretär der Kommunistischen Partei, der Verteidigungsminister und der Oberbefehlshaber des Heeres müssen alle ihre Zustimmung geben, erst dann leuchtet eine rote Lampe und der Abschussprozess beginnt. Hierfür hätten ein Schlüssel umgedreht und zwei Knöpfe zusammen gedrückt werden müssen. Diese sind allerdings ihrer Zeit grau.

Aus 50 Bundesstaaten wird ein Präsident gewählt: Wie funktioniert das Wahlsystem der Vereinigten Staaten?

Die alle vier Jahre stattfindende Wahl des Präsidenten der Vereinigten Staaten ist längst zu einem gigantischen Medienzirkus geworden, den die halbe Welt gespannt mitverfolgt. Dabei immer wieder im Fokus: das US-Wahlsystem der vermeintlichen Vorzeige-Demokratie der westlichen Hemisphäre. Der Prozess beginnt bei den beiden großen Parteien mit den sogenannten *Primaries*, wobei sich die Republikaner und die Demokraten in Vorwahlen auf einen Präsidentschaftskandidaten festlegen. Anschließend kommt die nationale Ebene, auf der während der Wahl am 3. November in allen Bundesstaaten der USA gewählt wird. Der Kandidat, der einen Bundesstaat gewinnt, sichert sich damit alle Stimmen der jeweiligen Wahlleute des Staates. Diese geben letztendlich im Dezember dann beim *Electoral College* ihre Stimme ab. Diese heute zeitweise kontrovers diskutierte Vorgehensweise stammt noch aus der Zeit der Gründerväter, die Tyrannei oder Systemwechsel durch Volksbeeinflussung erschweren und die Position der kleineren Staaten der Republik stärken wollten, die somit eine garantierte Anzahl an Kongressabgeordneten bekommen.

Einer der bedeutendsten Bürgerrechtler des 20. Jahrhunderts: Wovon träumte Martin Luther King?

In seiner Jugend in Georgia während der 1930er-Jahre erlebte Martin Luther King die Rassentrennung in den USA am eigenen Leibe: Sein bester Freund, ein weißer Junge, muss auf eine andere Schule gehen und bekommt fortan verboten, mit seinem schwarzen Weggefährten zu spielen. Im langen Schatten der Jim-Crow-Gesetze, welche die schwarze Bevölkerung zu Menschen zweiter Klasse erklären, tritt King in die Fußstapfen seines Vaters, der als Pfarrer arbeitete und sich stets gegen die Segregation stellte. Vom Glauben und einem tiefen Gerechtigkeitssinn getrieben partizipiert King am berühmten *Montgomery Bus Boycott* in Alabama, nachdem Rosa Parks verhaftet wurde, weil sie ihren Sitz im Bus nicht für einen weißen Mann räumen wollte. Ideologisch breit gefächert und belesen wird King zu einer Ikone der Bürgerrechtsbewegung und besteht dabei stets auf dem Prinzip des gewaltfreien Widerstands trotz einer extrem aufgeheizten Atmosphäre im Land. 1963 folgt der berühmte Protestmarsch auf Washington und die legendäre *I have a dream*-Rede Kings vor Hunderttausenden Menschen. King predigt unter anderem von seinem Traum, dass Menschen nicht aufgrund ihrer Hautfarbe beurteilt werden sollen, sondern aufgrund ihres Charakters, dass weiße und schwarze Kinder gemeinsam zu Brüdern und Schwestern werden und dass das Land einen seiner Grundsätze befolgt, welcher sagt *all men are created equal*. Es waren Worte, die nachhallten. Ein Jahr später erlässt die Regierung um Lyndon B. Johnson mit dem Civil Rights Act ein Gesetz, welches der Diskriminierung einen Riegel vorschiebt.

Im Kampf gegen Kartelle und Monopole: Wie operiert das Bundeskartellamt?

Vergleichen wir doch mal die Wirtschaft mit Kleingartenkolonien, die mit ihren erwirtschafteten Produkten handeln. Hier darf kein Gartenzwerg der Gurke des anderen die Sonne nehmen, keiner hat ein Monopol auf Erdbeeren und untereinander dürfen sich einzelne Gärtner auch nicht durch geheime Absprachen Vorteile verschaffen. In der Wirtschaft sorgt das Bundeskartellamt dafür, dass die geltenden Wettbewerbsregeln eingehalten werden. Die Behörde mit Sitz im alten Bonner Regierungsviertel hat rund 400 Mitarbeiter und soll für die Einhaltung des nationalen wie europäischen Wettbewerbsrechts sorgen. Es ist Unternehmen untersagt, durch geheime Kartelle zum Beispiel Preise, Gebiete oder Kundengruppen abzusprechen und damit den regulären Markt auszuhebeln. Studien gehen davon aus, dass Kartelle zu einer Preissteigerung von bis zu 15 Prozent führen können. Dagegen geht das Kartellamt mit einer Vielzahl von Befugnissen an, sie können ähnlich einer Ermittlungsbehörde Firmen durchsuchen, Verdächtige vernehmen und Nachforschungen anstellen. Über ein anonymes Hinweissystem können Kronzeugen Kontakt aufnehmen und potenzielle Kartelle melden. Wird ein Vergehen nachgewiesen, drohen schwere Strafen, mitunter bis zu 10 Prozent des weltweiten Jahresumsatzes einer Firma und bis zu einer Million Euro für Individuen. Dazu überwacht das Kartellamt auch Fusionen von Unternehmen und soll sicherstellen, dass keine Monopole den Markt dominieren und damit unlautere Vorteile besitzen.

Vieh, Muscheln oder Steine sind Vergangenheit: Warum benutzen wir überhaupt Geld?

Man stelle sich einmal vor, man müsste mit einem Huhn unter dem Arm und einem Sack Brennholz über der Schulter auf den Wochenmarkt gehen, um das gewünschte Gemüse oder Obst zu bekommen. Was heute aufgrund von Geld undenkbar wäre, ist für die Menschen vor Jahrtausenden Alltag, denn ursprünglich besteht Handel schlichtweg aus dem Tausch von Waren. Da dies, wie am Eingangsbeispiel zu sehen, gar nicht so einfach ist, auch weil nicht jeder ein Huhn, Brennholz oder andere Waren unbedingt braucht, erfinden die Menschen bestimmte Zwischentauschmittel wie Salz, Muscheln, Schneckenhäuser oder Pfeilspitzen, die stellvertretend für etwas anderes stehen. Vor ungefähr 2600 Jahren prägten die auf dem Gebiet der heutigen Türkei lebenden Lyder im Mittelmeerraum dann das erste Münzgeld, das sich fortan als Zahlungsmittel durchsetzen sollte. Die ersten Geldscheine waren dagegen aus der Not geboren. In China sind im Jahr 1024 Kupfer und Silber knapp und da nutzt man kurzum ein Zahlungsmittel aus Papier, welches in Europa erst durch die Schweden im Jahr 1661 flächendeckend bekannt wird. Heute existiert Geld oftmals nur noch digital und somit braucht man auch beim Einkauf meist nur noch seine Kreditkarte zu tragen.

Ein Lost Place der Superlative: Was passierte alles in den Beelitzer Heilstätten?

Ihre brüchigen Wände, ihre löchrigen Fenster und ihre einem Labyrinth ähnelnden Gänge zeugen von der Vergänglichkeit, vor allem aber erzählen ihre Mauern von fast 100 Jahren deutscher Geschichte. Diese haben die Beelitzer Heilstätten in Brandenburg hautnah miterlebt, lange bevor sie zu Deutschlands vielleicht berühmtestem Lost Place wurden.

Als Reaktion auf die grassierende Tuberkulose im Berlin des späten 19. Jahrhunderts erbaut, entwickelt sich die große Lungenklinik bald zu einem gigantischen Kurort in den Wäldern im Südwesten der Hauptstadt. Über 1200 Betten werden während der Weltkriege zum Lazarett umfunktioniert, 1916 liegt hier unter anderem der Gefreite Adolf Hitler nach einer Verletzung an der Westfront. Nach dem Zweiten Weltkrieg besetzt die Rote Armee das Areal, Wladimir Putin geht hier als KGB-Offizier auf Kur und kurz nach seiner Entmachtung versteckt sich sogar Erich Honecker in Beelitz. Mit dem Abzug der Russen 1994 endet die belebte Geschichte der Heilstätten vorübergehend, die heute aber als Touristenattraktion und Erinnerungsort fortgesetzt wird.

Auf dem Weg zurück zu alter Größe: Was steckt alles im Fünfjahresplan der chinesischen Regierung?

Jahrespläne sind ein traditionelles Instrument sozialistischer Gesellschaften, um gemeinsame und verbindliche Produktionsziele vorzugeben. Im kommunistischen China wurde 1950 erstmals ein Fünfjahresplan ins Leben gerufen und die Chinesen sind heute noch eine von vier Nationen, die mit diesem Mittel operieren, was mittlerweile aber eher von grundsätzlicher Natur ist. Dabei treffen sich die 204 Mitglieder und 167 Kandidaten des Zentralkomitees der Kommunistischen Partei in einer viertägigen Geheimsitzung, bei der wirtschaftliche, gesellschaftliche und politische Richtlinien für die nächsten fünf Jahre vorgegeben werden. Die Geheimhaltung geht so weit, dass nicht einmal das Staatsfernsehen den genauen Termin der Klausur kennt beziehungsweise darüber berichten darf. Der aktuelle Plan bis 2025 sieht einen stärkeren Fokus auf Klimaschutz, eine flächendeckende Autarkie der Binnenwirtschaft sowie große Sprünge bei der technischen Innovation vor. Diese Ziele werden traditionell extrem vehement und ohne Rücksicht auf Verluste verfolgt, was nicht nur für die chinesischen Bürger belastend sein kann, sondern auch internationale Handelspartner zeitweise vor vollendete Tatsachen stellt.

Eine der äußersten Grenzen Russlands: Was ist das Geheimnis des Aniva-Leuchtturms?

»Vorsicht, radioaktiv« steht in großen kyrillischen Buchstaben auf der Außenmauer des Leuchtturms, vor dem sich, so weit das Auge reicht, fast nur das tiefblaue Ochotskische Meer erstreckt. Eine beängstigende Ausgangslage, der sich auf dem sagenumwobenen Aniva-Leuchtturm regelmäßig abenteuerlustige Touristen aussetzen. Der fast 40 Meter hohe Turm und die Felseninsel in seinem Rücken sind die südöstlichste Spitze Sachalins, einer unwirtlichen Insel, deren Geschichte durch chinesische Einflussnahme, berüchtigte Strafkolonien sowie den Streit zwischen Japan und Russland um das Eiland geprägt ist. Ursprünglich wurde der Turm 1939 von den Japanern erbaut, ging allerdings wie auch Sachalin mit Ende des Zweiten Weltkriegs an die Sowjetunion. Die baut überall an ihren Außengrenzen ähnliche Leuchttürme. Nachdem das 28 Kilometer weit scheinende Licht zunächst jahrzehntelang alle drei Stunden per Hand betrieben wird, sorgt ab Anfang der 1990er-Jahre ein Atomgenerator für automatischen Betrieb. Nach der Abschaltung 2006 sollen alles radioaktive Material und alles Quecksilber entfernt worden sein, die leicht über dem Durchschnitt liegenden Strahlenwerte halten Touristen jedenfalls nicht ab.

Eine Umkleidekabine für einen besonderen Gast: Was hat es mit dem kleinen Haus nahe der Elbphilharmonie auf sich?

Klein, unscheinbar, laut einem Schild im Jahre 1904 erbaut. Auf den ersten Blick ist das kleine Sielhäuschen (»Siel« ist hamburgisch für Abwasserkanal) am Hamburger Baumwall neben der U-Bahn-Station nicht besonders spektakulär, es verbirgt sich unter ihm aber eine durchaus interessante Geschichte. Die Hansestadt bekommt damals um die Jahrhundertwende die erste unterirdische Kanalisation Europas, sehr zur Freude des technikaffinen Kaisers Wilhelm II. Damit er nicht wie normale Kanalarbeiter durch einen Gully und über eine Leiter nach unten gelangen muss, baut man eigens für ihn das kleine Haus mit komfortabler Treppe und einem kleinen Ankleidezimmer, wo er die vorgeschriebene feste Wasserkleidung für eine Besichtigung anlegen konnte. Das Zimmer wurde erst 2012 bei Kanalarbeiten durch Zufall wiederentdeckt und ist mittlerweile eine beliebte Anekdote zu Hamburgs Unterwelten.

9,0 auf der Richterskala: Wie kam es zur Nuklearkatastrophe von Fukushima?

Japan liegt am sogenannten Pazifischen Feuerring, wo gleich mehrere tektonische Erdplatten aufeinandertreffen und regelmäßige Erdbeben sowie Vulkanausbrüche verursachen. Das stärkste je gemessene Beben ereignete sich am 11. März 2011 und entwickelte sich zur gigantischen Katastrophe, welche insgesamt um die 18 000 Todesopfer forderte. Das monumentale Seebeben der Stärke 9,0 auf der Richterskala vor der Küste der Präfektur Miyagi riss 400 Kilometer des Meeresbodens auf und erzeugte einen Tsunami mit bis zu 40 Meter hohen Wellen, der ungebremst auf die nordöstlichen Küstenregionen hineinbrach. Er begrub ganze Dörfer unter sich, drückte eine riesige Schuttlawine weit ins Landesinnere und traf auch das Kernkraftwerk Fukushima Daiichi. Dieses wurde bereits durch das Erdbeben beschädigt, in der Folge fielen Notstromgeneratoren und Kühlsysteme aus. Es kam zur partiellen Kernschmelze, womit radioaktives Material freigesetzt und an die Atmosphäre abgegeben wurde. Noch heute ist die Sperrzone in der Region über 300 Quadratkilometer groß und Japan arbeitet noch immer täglich mit Tausenden Experten an der Kühlung der Reaktoren. Man hofft, das Land in Zukunft zumindest teilweise wieder bewohnbar zu machen.

Wenn man so gut wie keine Rechte mehr besitzt: Wie lebt eine Frau in Afghanistan unter den Taliban?

Eine Schule besuchen, die Freizeit genießen, sich frei in der Öffentlichkeit bewegen – all diese Möglichkeiten fanden für die Frauen Afghanistans im August 2021 ihr abruptes Ende. Nach dem Abzug der NATO-Truppen übernahmen die Taliban wie schon Mitte der 1990er-Jahre erneut die Herrschaft im Land. Und entgegen anderslautender Versprechungen setzten die radikalen Islamisten ihre drakonische Politik gegen Frauen fort. Im Zuge einer patriarchalen Extremlehre verdammen sie die weiblichen Mitglieder der Bevölkerung an den Rand der Gesellschaft und sprechen ihnen fast jegliche Rechte ab. Bis auf wenige Ausnahmen dürfen sie nicht arbeiten, lautes Reden auf der Straße wird missbilligt, weiterführende Schulen oder ein normales Studium sind für Mädchen tabu und öffentlich darf sich eine Frau nicht ohne eine den gesamten Körper bedeckende Burka zeigen. Höchstens wichtige Besorgungen sind erlaubt, Zuwiderhandlung zieht Drangsalierungen, Folter, Entführung oder den Tod nach sich. Vermisstenfälle und Zwangshochzeiten sind an der Tagesordnung, überall im Land regiert die Angst. Dennoch trauen sich immer wieder viele mutige Frauen auf die Straße und protestieren mit zunehmender internationaler Wahrnehmung gegen die Terrorherrschaft.

Das Gesicht des Buddhismus: Wie verlief das bewegte Leben des Dalai Lama?

Schon mit viereinhalb Jahren wird ein kleiner Junge namens Tenzin Gyatso in Tibet zum spirituellen Führer einer ganzen Religion, sehen die Mönche seines Landes in ihm doch die Reinkarnation des vorangegangenen Dalai Lama. Fortan trägt nun der Junge als 14. diesen bedeutenden Titel und sucht nach der optimalen Ausgewogenheit zwischen strengem Tempelleben sowie innerem Glück. Er ist begeisterter Gärtner, repariert für sein Leben gerne Uhren und hat panische Angst, von einem Hai gefressen zu werden, obwohl er Nichtschwimmer ist. Eine wesentlich realere Bedrohung sind für den mit 15 Jahren zum tibetischen Staatsoberhaupt gekürten Dalai Lama die Beziehungen seines Landes zu China, das Tibet nach einer Abspaltung 1911 nicht als unabhängig anerkennt. Der Dalai Lama flüchtet schließlich als chinesischer Soldat verkleidet nach Indien, von wo aus er in einer Exilregierung sowohl zum Gesicht des globalen Buddhismus als auch zum gefeierten Star heranreift. 1989 erhält er den Friedensnobelpreis und proklamiert noch Jahrzehnte später sein Mantra vom glücklichen Leben auf Erden.

Das geheimnisvolle Zentrum russischer Macht: Was verbirgt sich hinter den Mauern des Kremls?

Der Kreml – Legende, Mythos, Machtprojektion, ein architektonisches Meisterwerk. Das Herz des russischen Machtapparates hat seit Jahrhunderten einen prägenden Charakter für die Stadt Moskau und das ganze Land. Einst als Zitadelle erbaut, residieren hier Zaren, Diktatoren und Staatspräsidenten, schreiben Geschichte und steuern ein Riesenreich durch turbulente Epochen. Der heutige Kreml verbirgt neben prunkvollsten Bauten diverse Geheimnisse hinter einer 2235 Meter langen und bis zu 6 Meter dicken Mauer. So hält sich zum Beispiel das Gerücht, dass von hier aus ein geheimes U-Bahn-System namens Metro 2 entspringt. Ebenfalls sagenumwoben: die Kremlküche, in der man erst nach heißer Dusche kochen darf und Chemiker sowie Ärzte jede Zutat strengstens untersuchen, bevor sie zubereitet und versiegelt auf den Weg zum Staatspräsidenten geht. Dieser hat auch seine ganz eigene Leibwache. Neben schwerstem Militärgerät und dem Eliteregiment »Wache Nr. 1« unterhält der Kreml eine ganz besondere »Luftabwehr« bestehend aus einem Uhu und zehn Habichten. Sie bekämpfen die Krähen, welche sonst die berühmten goldenen Turmdächer des Areals beschädigen könnten. Warum allerdings überall um den Kreml etliche Navigationssysteme gestört sind, ist, wie viele andere Geheimnisse, bis heute nicht ganz geklärt.

Ihre Geschichte beginnt in der Frankfurter Judengasse: Wie wurden die Rothschilds zu einer der reichsten Familien der Welt?

Mayer Amschel Rothschild darf als Bewohner der Judengasse im Frankfurter Getto des 18. Jahrhunderts nicht einmal außerhalb jener Mauern Eigentum erwerben. Dennoch etabliert er sich schnell als Münzhändler und steigert damit sein gesellschaftliches Ansehen. Er baut in Frankfurt eine Bank auf, spezialisiert sich auf Staatsanleihen und gibt seine Fähigkeiten auch an seine fünf Söhne weiter. Diese errichten nach und nach große Bankhäuser in London, Paris, Wien und Neapel, sind eng miteinander vernetzt, verschwiegen und nutzen ihr zusammen immenses Kapital zu ihrem Vorteil. Durch Kriege und die Industrialisierung entstehen enge Kontakte zu Regierungen, ein Agentennetzwerk sorgt für schnellsten Informationsfluss. Über die Jahrhunderte entstehen etliche Verschwörungstheorien zu der Familie, immer wieder sieht sie sich im Auge des Antisemitismus. Der wirtschaftliche Erfolg bleibt davon unberührt, lange Zeit unterhalten die Rothschilds die größte Bank der Welt. Ihren Wohlstand sichert die Dynastie unter anderem durch eine auf die eigene Familie fokussierte Heiratspolitik. Damit bewahrt sie sich ihr enges Netzwerk bis heute und zählt mit einer starken Finanzholding-Gesellschaft zu den reichsten Familien der Welt.

Zwei Familien auf 18 Quadratmetern: Was passierte in den Katakomben unter der South Bridge in Edinburgh?

Die South Bridge in Edinburgh wurde im 18. Jahrhundert konzipiert, um das zum Slum verkommene Cowgate-Viertel zu überspannen und passierbar zu machen. Die Katakomben des Viadukts wurden mit Häusern gesäumt und sollten für Werkstätten als Lagerräume dienen. Billiger, wasserdurchlässiger Zement ließ die Unternehmen aber bald abwandern. Fortan schrieb die schottische Metropole eines der sowohl geheimnisvollsten als auch dunkelsten Kapitel ihrer Geschichte. Arme Leute aus dem ganzen Land landeten in den finsteren Räumen an, brennendes Walfett war die einzige Lichtquelle, deren Rauch sich unter den Gestank der dauernden Feuchtigkeit mischte. Kriminelle Geschäfte florierten, eine illegale Schwarzbrennerei jagte die nächste und die Kammern wurden zum unterirdischen Rotlichtviertel. Mittendrin lebten verzweifelte Familien, zusammengepfercht auf engstem Raum aus Mangel an Perspektiven, etlichen Krankheiten und dem Tod hilflos ausgeliefert. Im 19. Jahrhundert wurden die *Vaults* dann dauerhaft geschlossen und erleben heute langsam eine Wiederbelebung durch die Gastronomie- und Barszene.

Verlassen, vergessen, Varosha: Wie wurde der zypriotische Badeort zur Geisterstadt?

Einst gehörte Zypern zum Osmanischen Reich, das die Insel 1878 an Großbritannien verpachtete. Kulturell fühlte sich ein Teil der Bevölkerung aber lange schon mit Griechenland verbunden. Über die Jahrzehnte entwickelt sich ein Konflikt, welcher sich nach der Unabhängigkeit der Insel 1960 in verschiedenen Krisen entlädt. Immer wieder gerieten die ethnischen Gruppen trotz einer gemeinsamen Verfassung aneinander, ein von Griechenland unterstützter Putsch wurde schließlich zum Brandbeschleuniger. Die Türkei intervenierte am 20. Juli 1974 nach der Untätigkeit der Garantiemächte, besetzte Nordzypern und hinterließ im früheren Badeort Varosha eine grausame Erinnerung an den historischen Zwist. Die 40 000 Bewohner der Stadt flohen, womit der Ort zur Geisterstadt und militärischen Sperrzone wurde. Eine Wiederbesiedlung ließ sich aufgrund von UN-Verurteilungen sowie Wirtschaftsembargos nicht realisieren. Heute jedoch bestehen erneut Bestrebungen, die Stadt wiederzubeleben, die in den vergangenen Jahren lediglich für Freunde von Lost Places interessant gewesen war.

Special Deal für »FDR«: Wie besuchte der ehemalige US-Präsident seinerzeit New York City?

55 Millionen Menschen steigen jährlich an New Yorks Grand Central Station ein oder um, damit sie das mit über 1000 Kilometern und 472 Stationen größte U-Bahn-Netz der Welt durch die Millionenmetropole befördert. Ein historischer Fahrgast hatte hier seinen ganz eigenen Bahnsteig: Franklin Delano Roosevelt, seines Zeichens 32. Präsident der USA und zuvor Gouverneur des Bundesstaates New York, seines Geburtsortes. Eine Polio-Erkrankung zwang ihn in den 1920er-Jahren in einen Rollstuhl, doch für die politische Karriere verheimlichte er jenes Schicksal vor der Öffentlichkeit. Unter großen Schmerzen und mit eisernem Willen ging er nur kurze Wege, ließ sich bei Reden stützen und hielt sein Privatleben im Verborgenen. Unter der Grand Central Station ließ er sogar extra einen Bahnhof bauen, in dem ein speziell für ihn angefertigter gepanzerter Zug direkt unter dem Waldorf Astoria Hotel neben dem Bahnhof halten konnte. Von unten konnte er dann fernab der Öffentlichkeit ins Hotel gelangen, wo er stets residierte, wenn er die Stadt als Präsident besuchte.

Argentiniens Preise gehen durch die Decke: Was passiert während einer Hyperinflation?

Die Inflationsraten in Argentinien zählen zu den höchsten der Erde, 2023 klettern sie sogar über 100 Prozent. Die Preise steigen zeitweise ins Unermessliche, die Währung Peso verliert zusehends an Wert. Grund für die Teuerung sind zwei Jahrzehnte voller unterschiedlicher Krisen, eine hohe Staatsverschuldung, geringe Produktivität der Industrie sowie eine ausgedehnte Schattenwirtschaft, welche das Land viele Einnahmen kostet. Regulierende Maßnahmen wie eingefrorene Preise oder ein Limit auf den Besitz des zusehends beliebten US-Dollars greifen kaum. Waren werden immer teurer, die Inflation frisst Gehälter und Vermögen auf. Von einem Monat auf den anderen bekommt man zum Beispiel für 150 Pesos nur noch zwölf Eier anstatt 30. Auch Deutschland kennt aus seiner Historie das Phänomen der Hyperinflation, während der Weimarer Republik stürzt sie das Land ins Chaos.

Ohne ihn wären unzählige Menschen nicht mehr am Leben: Wie erfand Siegfried Steiger den modernen Rettungsdienst?

Es gibt Ende der 1960er-Jahre einen tragischen Grund dafür, warum sich der Architekt Siegfried Steiger für eine Revolution des deutschen Rettungsdienstes einsetzt: Sein neunjähriger Sohn Georg wird beim Spielen auf der Straße angefahren und verstirbt noch während der Fahrt ins Krankenhaus. Damals erfolgt der Transport lediglich in normalen Autos, eine direkte Behandlung ist unmöglich und auch einen landesübergreifenden Notruf gibt es nicht. Dazu arbeiten Sanitäter aus Personal- und Geldmangel nur von Montag bis Freitag zwischen 8 und 18 Uhr. Die Politik sträubt sich aus finanziellen Gründen gegen jegliche Maßnahmen, aber Steiger beharrt auf dem Wandel. Neben öffentlich wirksamer Arbeit mit einer nach seinem Sohn benannten Stiftung lässt er selbst Lieferwagen umbauen und spendet einen an jedes Bundesland, gesetzt den Fall, dass weitere Maßnahmen ergriffen werden. Die Stiftung initiiert Notfallsäulen, rund um die Uhr Bereitschaften und bundesweite Notrufdienste. Einmal bürgt Steiger sogar finanziell für die Bundesregierung, die er an anderer Stelle wegen unterlassener Hilfeleistung verklagt. Alles aus einem Grund: um Leben zu retten. Heute sind seine damals als revolutionär geltenden Ideen längst nicht nur in Deutschland verbreitet, sondern zählen auch in Europa zur medizinischen Praxis.

Die längste Tunnelanlage der Welt: Welche Geschichte erzählen die Katakomben von Odessa?

Nach dem Frieden von Jassy zwischen dem russischen Kaiserreich und dem Osmanischen Reich träumte die Zarin Katharina II. von einem bedeutenden Schwarz- und Mittelmeerhafen für ihre Flotte und gründete aus diesem Grund Odessa. Die heutige »Perle am Schwarzen Meer« wuchs auf Druck der Regentin rasant, auch weil man Unmengen an Muschel-, Kalk- und Sandstein aus der Erde unter der Stadt als Baumaterial abbaute. Es entstand dabei die längste Tunnelanlage der

Welt. 2500 Kilometer ziehen sich die Katakomben in mehreren Ebenen unter dem Stadtgebiet hindurch, was der Länge von 23 809 Fußballfeldern oder dem Weg von Berlin bis nach Lissabon entspricht. Neben allerlei zwielichtigen Aktivitäten über die Jahre begründeten die Sowjets hier auch ihren gefeierten Widerstand gegen die rumänischen Besatzer, die als Verbündete des Deutschen Reichs im Rahmen des »Unternehmens Barbarossa« im Zweiten Weltkrieg die Stadt unter ihrer Kontrolle hielten. In den Katakomben harrten mehrere Partisanengruppen fast drei Jahre lang aus und versetzten ihren Feinden an der Erdoberfläche immer wieder schmerzhafte Nadelstiche, bis die Stadt im März 1944 von der Roten Armee befreit werden konnte.

KAPITEL 6

Technik und Wissen-schaft

Autonom, klein und flott unterwegs: Wie clever ist ein Saugroboter wirklich?

Der erste Staubsaugerroboter überhaupt erblickte schon 1978 das Licht der Welt, hatte aber zunächst wenig mit den fleißigen Haushaltshelfern von heute zu tun. Er wurde seinerzeit nämlich von Nintendo als Kinderspielzeug entwickelt und hörte auf den Namen »Chiritorie«. Seitdem haben die Saugroboter eine beachtliche Evolution hinter sich. Neueste Modelle besitzen einen sogenannten »Leader« in ihrem kleinen Turm und verfügen zudem über sensible Radar- und Sensortechnik, mit der sie die zu reinigenden Räume scannen. Der Roboter erstellt eine komplette Karte der Zimmer inklusive aller Hindernisse, welche auch in einer App einsehbar sind. Waren früher liegen gebliebene Socken, Stromkabel oder dunkle Teppiche noch tückische Fallen für die kleinen Maschinen, bereiten sie der neuen Generation an Saugern dank weiterer Kamerasysteme und einer ausgefeilten künstlichen Intelligenz kaum mehr Probleme. Der smarte Roboter erstellt ein dreidimensionales Bild vom jeweiligen Raum und erkennt damit auch kleine Gegenstände, die vor ihm liegen. Einzig als Kinderspielzeug sollte man die Roboter vielleicht nicht mehr einsetzen!

Sie erfüllt den lang gehegten Kinderwunsch: Wie funktioniert künstliche Befruchtung?

Ein Kinderwunsch lässt sich nicht immer auf natürlichem Wege erfüllen, oftmals steht eine Fertilitätsstörung im Weg. Auch lesbische Paare oder angehende Solo-Frauen sind auf eine künstliche Befruchtung angewiesen. Neben dem variierenden Prozess der Befruchtung, welcher zum Beispiel via Befruchtung im Reagenzglas oder per Einsatz aufbereiteter Samenzellen ablaufen kann, handelt es sich hierbei um ein hochemotionales Thema für die Beteiligten. Auch die Rechtslage ist kompliziert, so ist zum Beispiel die Leihmutterschaft in Deutschland verboten. Je nach Mitspracherecht informieren Samenbanken die angehenden Eltern beziehungsweise die Mutter minutiös über potenzielle Spender, angefangen bei der Augenfarbe über die gesundheitliche Historie bis hin zur Anzahl der Sommersprossen. Ein aktuelles Foto des letztendlichen Spenders, der aufgrund strenger Kriterien lediglich 7 bis 10 Prozent aller Bewerber ausmacht, gibt es aber nicht. Das Samenspenderregistergesetz schreibt dafür vor, dass das spätere Kind mit 16 Jahren die Identität des leiblichen Vaters erfahren kann.

Ein Segen für die Menschheit, aber nicht ohne Risiken: Worin liegen die Gefahren von künstlicher Intelligenz?

Flächendeckende Automatisierung, extreme Effizienzsteigerung, bahnbrechende Einsatzmöglichkeiten in der Medizin – künstliche Intelligenz ist in aller Munde und auf einem schier unaufhaltsamen Vormarsch. Dennoch treiben die Menschen Sorgen um, schließlich gilt die Technik nicht als ausgereift und könnte schwer bis gar nicht zu revidierende gesellschaftliche Veränderungen nach sich ziehen. Angefangen vom Ausradieren ganzer Branchen und deren Arbeitsplätzen machen vor allem Szenarien wie aus einem Science-Fiction-Thriller Kopfzerbrechen. Denn KI ist noch anfällig für Hacker, zum Beispiel durch angreifbare Algorithmen, sie kann missbraucht und zu einer gefährlichen Waffe werden und es besteht sogar die Möglichkeit, dass sich die Systeme irgendwann gegen den Menschen wenden. Alle diese Sorgen dürften in die Weiterentwicklung der einzelnen Systeme miteinfließen und sie dadurch in Zukunft mitprägen.

Er wird wie von Geisterhand gesteuert: Wie orientiert sich ein vollautonomer LKW?

In der Logistik und im Werksbetrieb sind vollautonome LKW bereits Realität und es gibt erste Zulassungen für die Straße für die Fahrzeuge, die manche als Zukunft des weltweiten Güterbetriebs erachten. Aber wie funktioniert so ein LKW überhaupt? Die schwedische Firma Einride gilt als Vorreiter auf dem Gebiet und hat bereits eine ganze Flotte ihrer fahrerlosen Pods im Einsatz. Statt dem Menschen befinden sich unzählige Kabel, Computer und Netzwerke im Wagen. Sie steuern etliche Sensoren und Kameras, die mithilfe von Lasermessungen die Umgebung erfassen. Durch Satelliten ist eine genaue Positionsbestimmung möglich, welche an den menschlichen Remote Operator geht. Dieser kann von einer Zentrale aus bis zu zehn Fahrzeuge gleichzeitig überwachen, wobei er primär die Rolle als Sicherheits-Back-up übernimmt. Die vollautonomen Trucks erkennen sogar Fahrradfahrer im toten Winkel, fahren komplett elektrisch und können bis zu 16 Tonnen Fracht transportieren. Tendenz steigend.

Alle vier Sekunden ist in Deutschland eine Papiertonne voll: Wie könnte man Verpackungen neu denken?

Der Segen des Online-Handels hat neben dauerhafter Verfügbarkeit unendlich vieler Waren auch eine Schattenseite: Bei 4,5 Milliarden Paketsendungen im Jahr quellen deutsche Papiertonnen regelmäßig über, eine Haushaltstonne ist im Schnitt alle vier Sekunden voll. Teil des Problems sind oftmals zu große, sperrige Verpackungen, was einige innovative Denker an Lösungen arbeiten lässt. Das Start-up Manyfolds aus München entwickelte unter anderem eine smarte Pappverpackung, welche genau an die Maße des zu verschickenden Gegenstands angepasst ist. In einer App werden Maße oder Fotos eingespeist, selbst die Anordnung des Inhalts kann individuell bestimmt werden, wobei auf schwer recycelbare Materialen im Innern zugunsten von Pappeinsätzen verzichtet wird. Somit lassen sich 30 bis 40 Prozent an Verpackung einsparen. Nach der Fertigung muss zwar noch selbst gefaltet werden, doch für die Zukunft sind bereits neue Entwicklungen angedacht. Eine Idee lautet unter anderem, die Maschinen, welche die Manyfolds herstellen, auch in Postfilialen zu installieren, damit auch hier Pakete individueller gestaltet werden können.

2500 Kameras überwachen die gesamte Stadt: Was leistet Rio de Janeiros Sicherheitssystem?

Rio de Janeiro ist eine pulsierende Megametropole, nicht selten gerät hier der Alltag wie in vielen großen Städten schnell einmal zum Chaos – egal ob durch überbordenden Verkehr, Unfälle verschiedenster Art, Kriminalität oder Menschenansammlungen. Damit dieses nicht ausartet, gibt es das Centro de Operações Rio, kurz COR genannt. In dem verspiegelten Überwachungsgebäude der Stadtverwaltung arbeiten 45 Menschen aus 30 Behörden an einem reibungslosen Ablauf des alltäglichen Lebens, der Gewährleistung der Sicherheit für die Stadtbewohner und einer schnellen Reaktion auf sich anbahnende Katastrophen. 2500 Kameras, Handydaten und Satellitenbilder liefern Infos in Echtzeit, welche nach Verarbeitung ihren Weg zur Bevölkerung via App, Social Media, den Nachrichten oder großen Tafeln finden. Aufgrund von Wetterdaten oder Verkehrsanalyse lassen sich somit zeitweise sogar Ereignisse wie Naturkatastrophen oder Fahrverhalten vorhersagen, was wiederum eine Prävention möglich macht.

Die spinnen, die Architekten: Wie kann man Häuser aus gesponnenen Bauteilen bauen?

Professor Moritz Dörstelmann vom Karlsruher Institut für Technologie suchte nach einer Alternative zu althergebrachten Bauweisen mit schwerer Stahl- und Betonverarbeitung, ist die Herstellung dieser Materialien doch extrem CO_2-intensiv. Fündig wurde er dabei in der Natur, wo es etliche effiziente Faserstrukturen gibt, so zum Beispiel in Spinnennetzen, Palmenblättern oder Käferflügeln. Sie alle sind extrem leicht, dafür aber extrem belastbar und kommen mit einem Minimum an Materialaufwand aus. Hochtechnisierte Roboter helfen dabei, vorher am Computer entworfene Muster aus Seilen zusammenzuspinnen. Dabei können unterschiedlichste Stoffe verwendet werden, von Carbon bis hin zu natürlichen Materialien wie Flachs. Die extrem leichten Bauteile werden in später aushärtenden Kleber auf Mineralienbasis getunkt, bevor sie schließlich verbaut werden. Der Einbau ist schnell, effizient und kommt ganz ohne großes Baugerät aus. Die Konstruktionen werden im Moment vor allem für Außenfassaden, Dächer, Stützen und im Innenausbau verwendet, wo sie durch das schnelle Verbauen und den einfachen Transport punkten können. Weitere Nutzungen, wie zum Beispiel als hochbelastete Tragwerke, sind aber bereits angedacht.

Zweimal so schnell wie Schrittgeschwindigkeit: Wie geht es sich in den schnellsten Schuhen der Welt?

Eine schwierige Parkplatzsituation, ein langer Arbeitsweg und ein Beinahe-Unfall mit Rollerskates machen schon einmal erfinderisch. Zumindest ging es so dem Unternehmer Xunjie Zhang in Pittsburgh, der aufgrund seiner Alltagssituation die vermutlich schnellsten Schuhe der Welt konzipierte. Sie wiegen pro Schuh circa 1,9 Kilogramm mehr als herkömmliche Fußbekleidungen, lassen sich aber mit eben jenen zusammen tragen. Geht man erst einmal in den Shift-Modus, fühlt sich der normale Gang plötzlich wie Schweben an, ähnlich dem Gefühl, das man am Flughafen auf einem Transportband bekommt. An Zhangs sogenannten »Moonwalkers« sind mehrere kleine Rollen angebaut, der Ballen lässt sich wie bei einem normalen Schuh abklappen und eine künstliche Intelligenz sorgt für die nötige Synchronisation zwischen den Schritten. Treppen lassen sich im Lock-Modus ohne Beschleunigung meistern, der Akku reicht für gut 10 Kilometer und der Bremsweg ist mit nur 40 Zentimetern ebenfalls passabel. Und mit 11 Kilometer pro Stunde als Top-Geschwindigkeit lassen sich auch längere Strecken in Rekordzeit meistern.

Nie wieder lange nach einem Parkplatz suchen: Wie funktioniert das Parkhaus 2.0?

Eine lange Parkplatzsuche ist etwas, das so ziemlich jeden Menschen schnell mal auf die Palme bringt. Ganz besonders unter Zeitdruck, wie zum Beispiel am Flughafen. Eine ruhigere und entspannte Zukunft könnte das smarte Parkhaus liefern, bei dem man sein Auto lediglich in einer dafür vorgesehenen Drop-Off-Zone abstellt, via App den Parkvorgang aktiviert und anschließend seelenruhig seines Weges geht. Geht nicht? Geht doch, zumindest laufen bereits die ersten Pilotprojekte. Noch sind es nur zwei Fahrzeugtypen, an denen probiert wird; die technischen Anforderungen an die Autos mit einem Automatikgetriebe sind aber relativ gering. Über ein Kommunikationssystem verbindet sich das Auto mit dem Parkhaussystem und kann dann mithilfe von Stereokameras und über 200 Kamerasensoren autonom fahren. Es erkennt Hindernisse, fährt in Schrittgeschwindigkeit auch um engste Kurven und braucht weniger Fläche als ein herkömmliches Fahrzeug mit menschlichem Fahrer, da dieser am Platz ja nicht ein- oder aussteigt. Die Technik eines intelligenten Parkhauses wird rund um die Uhr weiterhin von menschlichem Service-Personal unterstützt, sodass Kunden bei Schwierigkeiten immer einen Ansprechpartner vorfinden.

Die potenzielle Lösung aller globalen Stromprobleme: Was steckt hinter der Kernfusionsforschung?

Die Sonne zum eigenen Nutzen zu kopieren klingt wie eine vermessene menschliche Utopie, der man unter anderem im Süden Frankreichs allerdings Schritt für Schritt entgegenschreiten will. Wissenschaftler aus 35 Ländern forschen hier mithilfe von 22 Milliarden Fördergeld am International Thermonuclear Experimental Reactor, kurz ITER, und der Kernfusion. Ein Jahrhundertprojekt, das versucht, mit einem auf der Sonne stattfindenden Prozess Strom für die Menschheit zu generieren. Auf dem Licht spendenden Himmelskörper werden unter enormer Hitze zwei leichtere Wasserstoffatome miteinander zu einem schwereren Kern verschmolzen, durch den entstehenden Massenunterschied wird Energie freigesetzt. Der ITER-Versuchsreaktor soll nach dem Tokamak-Prinzip arbeiten, wobei eingelassene Gase durch extreme Hitze in einen 150 Millionen Grad heißen Plasmazustand versetzt werden. Lange Zeit überstieg der Energieaufwand dabei den Gewinn und das Projekt trifft immer wieder auf Schwierigkeiten. Eine Variante der Kernfusion sorgte 2022 in den USA aber für Schlagzeilen: Bei der verwandten Laserfusion, wo Brennstoffkügelchen von Laserstrahlen beschossen werden, in der Lawrence Livermore National Laboratory in Kalifornien wurde erstmals mehr Energie freigesetzt als verbraucht. Ein potenzieller Meilenstein in Richtung Sonne.

Fast 30 Jahre Forschung machten den Corona-Impfstoff möglich: Was war vor COVID-19 das eigentliche Steckenpferd von BioNTech?

Die Firma BioNTech erlangte weltweite Bekanntheit während der COVID-19-Pandemie, als das börsennotierte Mainzer Unternehmen einen Impfstoff gegen das neuartige Corona-Virus entwickelte. Möglich war dies aufgrund jahrelanger Vorbereitung, sagt der Vorstandsvorsitzende Uğur Şahin, der die Firma 2008 zusammen mit seiner Frau Özlem Türeci gründete. Er verglich es mit einem Reifenwechsel bei einem Formel-1-Auto, der im Alltag länger dauern würde, bei den Profis eines Rennstalls aufgrund perfekter Bereitschaft und Zusammenarbeit aber in Sekunden abläuft. Ebenso war es möglich, die vorher bereits lange Jahre fortgeschrittene Forschung an den mRNA-Impfstoffen an die Herausforderungen der Pandemie anzupassen und eine normalerweise sehr langwierige Impfstoffentwicklung zu beschleunigen. Ursprünglich arbeitet das Unternehmen mit ihrer Forschung vor allem an der Kreation eines Impfstoffes gegen Krebs. Dieser soll entgegen anderer Therapien individuell auf den einzelnen Patienten abgestimmt werden, indem man ihm Krebszellen entnimmt und nach dem Vergleich mit gesunden Zellen einen Aufbau des Tumors erstellt. Mit diesem kann dann der Impfstoff das Immunsystem stimulieren und fortan die Krankheit bekämpfen.

Ein Mythos, dessen Entschlüsselung den Zweiten Weltkrieg mitentschied: Was ist das Rätsel der »Enigma«?

Der Name steht für einen der großen Mythen des Zweiten Weltkrieges: »Enigma«. Die griechische Bezeichnung für »Rätsel« gibt einer schon Ende des Ersten Weltkrieges entwickelten Chiffriermaschine ihre Bezeichnung, die fortan über Jahrzehnte Geheimdienste auf der ganzen Welt in Atem halten soll. Die Wehrmacht nimmt die von Arthur Scherbius erfundene Maschine, die kurzzeitig sogar kommerziell verfügbar ist, vom Markt und macht aus der Rotor-Chiffriermaschine das Rückgrat ihrer Nachrichtenverschlüsselung. Mithilfe mehrerer Walzen sowie eines Steckerbretts konnten Texte durch Tausch der Zeichen für jeden unkenntlich gemacht werden, der nicht eine Maschine gleicher Konfiguration, die Codebücher und die täglich geänderte Tageseinstellung besaß. Kryptografisch besonders war dabei, dass durch sich ändernde Stromkreise ein und derselbe Buchstabe in einem Text unterschiedlich verschlüsselt wurde, ein »A« konnte beispielsweise in einem Wort ein »S« und in einem anderen ein »P« werden. Der große Durchbruch bei der Entschlüsselung folgte während des Krieges in Bletchley Park, als die Briten sich den täglichen Wetterbericht der Deutschen mit wiederkehrenden Begriffen zunutze machten und zudem U-Boote mit intakten Maschinen erbeuteten. Experten gehen davon aus, dass der Krieg durch die Entschlüsselung des »Rätsels« um mehrere Jahre verkürzt, wenn nicht sogar entschieden wurde.

Wenn die Welt im Dunkeln liegt: Was passiert, wenn das europäische Stromnetz zusammenbricht?

Europas Strom ist Teamsache: Fast 30 Länder sind am gemeinsamen kontinentalen Netz beteiligt und beziehen darüber ihren Strom. Hochkomplex, minutiös aufeinander abgestimmt und stark verzweigt gibt es eine Reihe von Wirkungen, von denen einige im Ernstfall zur Blackout-Katastrophe führen könnten – einem kompletten Zusammenbruch des Stromnetzes, der Handysysteme, Trinkwasserversorgung und etliche andere Bereiche des Alltags kollabieren lassen würde. Am 8. Januar 2021 schrammte Europa knapp an eben jenem Szenario vorbei, als im Norden zu viel und im Süden zu wenig Strom produziert wurde und damit starke Schwankungen im Netz auftraten. Die Frequenz soll idealerweise bei 50,00 Herz liegen. Denn während kleine Abweichungen problemlos ausgeglichen werden können, entsteht bei starken Schwankungen Handlungsbedarf. Mithilfe von Reservekraftwerken, manueller Steuerung, Abschaltung stromintensiver Verbraucher und Stabilisation aus Skandinavien sowie Großbritannien ließ sich der Ernstfall abwenden. Falls jener aber doch eintreten sollte, gilt es vorzusorgen. Das Bundesamt für Bevölkerungsschutz empfiehlt Vorräte für 14 Tage sowie eine vorausschauende Ausstattung mit autarken Stromquellen und Leuchtmitteln.

Superposition, 0 und 1 plus Verschränkung: Was macht das Quanteninternet so revolutionär?

Das Internet ist eine der großen Erfindungen der Menschheitsgeschichte, auch weil es stetig weiterentwickelt wurde. Eine besondere Revolution könnte in der Zukunft das Quanteninternet sein, welches vor allem weitaus sicherer und schneller als das bisherige Netz sein soll. Quanten kennt die Natur als kleinste vorkommende Teilchen, die unbemerkt ein fester Bestandteil des täglichen Lebens in Form zum Beispiel von Licht sind. Bisher werden im World Wide Web Informationen durch Bits von A nach B geschickt, die zwei Zustände in Form von 0 und 1 annehmen können und damit für Hacker leichter angreifbar sind. In Zukunft sollen Qubits diesen Job erledigen, die zusätzlich beide Zustände gleichzeitig annehmen können, womit der Rechenraum extrem vergrößert wird. Diese Kombination aus 0 und 1 nennt man Superposition. Wenn Qubit-Pärchen eine Verschränkung herstellen, entsteht ein Quantenkanal, durch den Daten extrem schnell übermittelt werden können. Zwar kann ein Hacker auch diese entschlüsseln, doch er würde damit die hergestellte Datenverbindung für immer zerstören und sie wäre für ihn in Zukunft nicht mehr erreichbar.

Und es werde Licht und es werde Regen und es werde kühler: Wie wollen die Menschen mit Geoengineering das Klima beeinflussen?

Das Wetter beeinflussen klingt im ersten Moment ein klein wenig nach »Gott spielen« und wurde deshalb auch jahrhundertelang bis zum heutigen Tag in der Wissenschaft sowie auf ethischer Ebene kontrovers diskutiert. Es ist aber nicht so, dass die Menschen so etwas nicht schon längst machen würden. Die Amerikaner ließen es im Vietnamkrieg durch verteiltes Silberjodid am Himmel mehr regnen, um gegnerische Truppenbewegungen zu erschweren, Russland garantiert dadurch immer wieder ein Abregnen der Wolken vor Moskau zur berühmten Parade am 9. Mai. Auch in der Landwirtschaft wird diese Methode eingesetzt, die aber in der Forschung nur eine von vielen ist, um dem Klimawandel und seinen Effekten zu begegnen. Unter anderem gibt es Projekte, um mithilfe von Basaltpulver CO_2 schneller im Ackerboden zu binden und damit natürliche Verwitterungsprozesse zu beschleunigen. In Sibirien versucht man, mit dem Pleistozän-Park urzeitliche Zustände zu kreieren und damit das Abschmelzen des Permafrosts zu verhindern. Große Graslandschaften sollen mit ihren Wurzeln CO_2 binden und als hellere Oberfläche weniger Wärme generieren. Es gibt sogar Pläne, nach denen man mithilfe einer gewaltigen Aerosolwolke die Sonne verdunkeln würde, was allerdings auch große Risiken wie den Rückgang von Niederschlägen beinhalten würde. Viele andere kleine Projekte wirken aber bereits jetzt und es dürften in den kommenden Jahren noch etliche dazukommen.

Wenn die Dusche aus einer Milchtüte gemacht ist: Wo lassen sich in Häusern Plastikverpackungen verbauen?

Plastikverpackungen sind weltweit ein großes Problem, selbst großflächige Recyclingprojekte haben es manchmal schwer, dem anfallenden Müll Herr zu werden. Somit sind innovative Ideen gefragt, wie man die Materialien erneut oder anders nutzen kann. Florian Holm, Kevin Vignier-Groiez und ihren Partnern kam auf Bali dazu eine besondere Idee: Sie verbauen den Müll einfach in Ferienhäusern. Die Aluminiumbeschichtungen von Tetra Paks eignen sich aufgrund ihres robusten wie leichten Charakters optimal für Wände. Dafür lassen sie recyceltes Plastik einschmelzen und zu einer dickflüssigen Paste verarbeiten, die dann anschließend in Formen gepresst und im Ofen erhitzt wird. Mithilfe von einer zweiten Farbe entsteht während des Prozesses sogar ein echter Marmoreffekt. In einem fertigen Haus steckt anschließend bis zu 1 Tonne Plastikmüll, was etwa 140 000 Tetra Paks entspricht. An weiteren Einsatzmöglichkeiten wird bereits gearbeitet.

Lautsprecher so groß wie eine Buchseite: Gehört Sound-Papier die Zukunft?

Es gibt Fotobücher, die erzählen dem Menschen, der sie durchblättert, auf jeder Seite etwas zu den Bildern, die sie sehen. Dabei kommen die Töne tatsächlich aus den normal dicken Seiten, sie klingen klar und deutlich. Definitiv skurril, aber vor allem auch innovativ. Nur welche Technik steckt dahinter?

Das »T-Book« hat seinen Ursprung an der Technischen Universität Chemnitz und entsprang der Idee von Doktor Georg Schmidt. Mit seinem Team entwickelte er hauchdünne Polymerschichten, deren Plastik Strom leiten kann. Die Schichten werden mittlerweile auf einem Spezialdrucker hergestellt und zusammengefügt. Durch das Umblättern und die entstehende Verformung wird ein Impuls ausgelöst und durch den Strom fangen die Schichten an zu schwingen. Damit erzeugen sie schließlich Schallwellen und das Buch fängt an zu »sprechen«. Andere Einsatzbereiche werden bereits ausgelotet, wie zum Beispiel bei Museen, wo man gerne auf großflächige Technikgeräte verzichten möchte.

Keine haarige Angelegenheit, sondern extrem effektiv: Wie lassen sich die Weltmeere mit Haaren reinigen?

1978 kollidierte der Öltanker *Amoco Cadiz* in einem Sturm mit dem Felsen Men Gaulven an der Küste der Bretagne und zerbrach in mehrere Teile. Dabei gelangten 223 000 Tonnen Rohöl ins Meer und verursachten eine apokalyptische Umweltkatastrophe, bei der ein Ölteppich von der Größe des Saarlandes Unheil über die Natur brachte. Einige Fischer reagierten mit einer im ersten Moment verwunderlichen Maßnahme: Sie füllten die Strumpfhosen ihrer Frauen mit Haaren und hielten sie ins Meer. Das Prinzip ist so einfach wie effektiv. Haare nehmen das natürliche Fett der Kopfhaut auf, dasselbe machen sie als bewährtes Adsorptionsmittel mit Öl. Friseur Thierry Gras bedient sich dieses Prinzips heute erneut, bei dem ein Festkörper flüssige Stoffe bei sich anreichert. Er füllt lange Schläuche mit zuvor eingesammelten und gereinigten Haaren, die dann bei Ölkatastrophen oder an stark verschmutzten Spots wie Bootstankstellen zum Einsatz kommen. Er stellt außerdem kleine Haarsäcke für den Maschinenraum von Motorbooten her und selbst bei schädlichen Sonnencremeresten im Meer soll die Technik Abhilfe schaffen. Die bretonischen Fischer waren ihrer Zeit also ganz schön weit voraus.

Selbstoptimierung ist in aller Munde: Macht es Sinn, zum Supertracker zu werden?

Es gibt fast nichts, was es nicht gibt, zumindest in Sachen Self-Tracking-Gadgets. In der heutigen Zeit wird für viele Menschen die Selbstoptimierung immer wichtiger und sie bedienen sich verschiedenster technischer Hilfsmittel, um den eigenen Alltag zu überwachen und mithilfe der gewonnenen Erkenntnisse zu optimieren. Die Bandbreite reicht vom Schritt- und Pulstracking der Fitnessuhren über Ernährungs-Apps bis hin zu Hirnstrom-Scannern oder Wetterstationen, welche nach Überwachung des Raumklimas den Besitzer ans Lüften erinnern. Der *Most Connected Man On Earth* Chris Dancy lässt sich zeitweise sogar von bis zu 700 Geräten überwachen und teilt die Ergebnisse auch täglich online mit der Öffentlichkeit. Einfach in den Alltag zu integrieren sind die Gadgets aber nicht immer, schnell können sie einen negativen Effekt auf das Wohlbefinden oder das eigene Bewusstsein haben. Andererseits gibt es bei richtiger Fokussierung jedoch auch absolut positive Effekte und man kann Sensibilität für den Umgang mit sich selbst entwickeln.

Luft, Wärme und Licht reichen aus: Wie funktioniert eine Waschmaschine ohne Wasser oder Waschmittel?

Die meisten Kleidungsstücke landen nicht wegen Flecken in der Wäsche, sondern weil sie durch Schweiß irgendwann unangenehm riechen. Die Verdauungsprodukte von Mikroorganismen sorgen für jene schlechten Gerüche. Ein Start-up aus Aachen rückt jenen Organismen mit Licht, Luft und Wärme zu Leibe. Die Kleidung wird in der Box gelüftet sowie gleichzeitig getrocknet, Wärme bricht die Zellstrukturen von Bakterien, Organismen und Viren auf, wobei Licht unterschiedlicher Wellenlängen die für den schlechten Geruch verantwortlichen Bakterien abtötet. Gerade im Fall von Schuhen ist das revolutionär, da man diese eigentlich nicht in herkömmlichen Waschmaschinen säubern kann. Ein weiteres potenzielles Einsatzgebiet findet sich in der Medizin, wo OP-Kleidung effektiv gereinigt und desinfiziert werden könnte.

Sie beeinflussen nicht selten Entscheidungen im Alltag: Wie verlässlich sind Google-Bewertungen?

In welches Restaurant möchte man gehen, wo lässt man sich die Haare schneiden, die beste Apotheke in der Nähe – Fragen, die sich nicht wenige Menschen von Google beantworten lassen. Die Rezensionen des Tech-Riesen sorgen einerseits für Transparenz, können aber auch durch Missbrauch schwere Folgen für Unternehmen haben. Besonders gefragt sind im Bewertungssystem die Meinungen von Local Guides, von denen es weltweit über 120 Millionen gibt. Dies sind Google-Nutzer, die Maps mit Fotos und Bewertungen füttern. Dies geschieht abgesehen von einigen Goodies ohne Bezahlung, gleicht für die Beteiligten aber einem Spiel mit Mehrwertcharakter. Schließlich unterstützt man nicht nur das Unternehmen, sondern hilft seinen Mitmenschen auch dabei, Orte oder Informationen zu finden beziehungsweise Entscheidungen zu treffen. Aufgrund von Subjektivität, Missbrauch und schwerer Überprüfbarkeit trotz Google-Analystenteams können Rezensionen aber auch schnell fehlleiten. Sich selbst ein Bild zu machen, ersetzt eine Online-Bewertung schließlich nie.

Ein Beruf, der die Gesellschaft spaltet: Wie arbeitet es sich in einem Atomkraftwerk?

Kernenergie ist ein hochkontroverses Thema, das seit Jahrzehnten viele Gesellschaften dieser Erde beschäftigt. Für manche Menschen ist es dagegen schlichtweg ihr alltägliches Brot, denn ihr Arbeitsplatz befindet sich direkt in einem Atomkraftwerk unweit des nuklearen Reaktors. In Deutschland geht dies auch nach Abschaltung der letzten Atomkraftwerke im April 2023 mit extremen Sicherheitsvorkehrungen während des Rückbaus der Anlagen einher. Vor Betreten des Werks wird die körperliche Kontamination, die Verunreinigung durch radioaktive Stoffe, kontrolliert, damit sie nicht über die gesetzlich erlaubte Tagesdosis steigt. Personenkontrollen für Besucher sind hier strenger als am Flughafen, Mitarbeiter müssen sich regelmäßigen Medizinchecks unterziehen. Der Weg in den nuklearen Teil des Werks führt durch etliche Sicherheitstüren und weitere Kontrollen, die Mitarbeiter erhalten hierfür Einheitsunterwäsche, da kontaminierte Kleidung die Kontrollbereiche nicht verlassen dürfte. Jeder Mensch im AKW erhält ein persönliches Dosimeter, das die Strahlenbelastung stetig misst und gegebenenfalls vor einem zu hohen Wert warnt. Die Verantwortung ist bei jeglichen Schritten omnipräsent. Ein Beruf im Bereich Kernenergie schlägt allerdings auch im Privaten Wellen. Nicht selten verleugnen Mitarbeiter ihre Berufe aus Angst vor Anfeindungen oder emotional aufgeladenen Diskussionen.

Ich poste, also bin ich oder eben nicht: Wie hat Instagram unsere Welt verändert?

2010 brachten die Amerikaner Mike Krieger und Kevin Systrom Instagram als Foto-Plattform auf den Markt und konnten mit einer Million Nutzer in drei Monaten direkt einen beachtlichen Erfolg verbuchen. 2012 kaufte Facebook das Unternehmen bereits für eine Milliarde, Schätzungen zufolge liegt der Wert heute bei über 100 Milliarden. Eine Milliarde aktiver Nutzer gibt es, die das Medium zu einem absoluten Kulturphänomen machen. Dieses hat das Leben der Menschheit teilweise grundsätzlich geändert mit einer Macht, die nur schwer zu skalieren ist. Frühere Geheimtipps werden zu Hotspots, Restaurants oder Essen zu gehypten Sensationen, angehimmelte Influencer mit Millionen Followern prägen Meinung, Alltag und Konsumverhalten. Bei Weitem ist nicht alles real, was man sieht, es gibt künstlich kreierte Fotomotive, Likes verkaufende Firmen und als Content verschleierte Werbung. Ganze Jobs wie Instagram-Touristenführer sind entstanden, Kritiker sehen einen Fokus auf Narzissmus, Selbstdarstellung und Parallelwelten. Im Schnitt verbringen unter 25-Jährige 32 Minuten am Tag mit der App, was über acht Tage im Jahr sind. Laut Wissenschaftlern tragen dazu unter anderem der Botenstoff Dopamin und das Belohnungszentrum im Gehirn bei, das bei jedem Like angeregt wird.

Kein Netz und das gleich für mehrere Tage: Was bedeutet ein Internet-Blackout für den Alltag?

Im normalen Leben ist das Fehlen einer fähigen Internet-Verbindung zwar meist nur ein kurzes Ärgernis, doch schon bei einer halbstündigen Störung spürt man schnell, wie wichtig das Netz mittlerweile für das Leben geworden ist. Ein vollständiger Internet-Blackout für mehrere Tage wäre da ein ganz anderes Szenario mit weitreichenden Konsequenzen. Denn mittlerweile sind ganze Branchen wie die Börse, das Finanzwesen oder auch Nachrichtenkommunikation kaum mehr analog zu realisieren. Insgesamt würde es zu einer extremen Verlangsamung der wirtschaftlichen Prozesse kommen, bei denen vielerorts wieder auf Stift, Zettel oder Schreibmaschine umgestellt werden müsste. Der dezentrale Charakter des Internets mit etlichen Knotenpunkten weltweit macht einen langfristigen Totalausfall aber glücklicherweise unwahrscheinlich. Anfängliche Schwierigkeiten gäbe es zwar auch in der Verkehrsinfrastruktur, die Bahn oder Wasserversorgung haben aber wie alle kritischen Infrastrukturen analoge Notfallpläne. Gleiches gilt für Krankenhäuser, die theoretisch komplett auf einen Betrieb ohne Computer umstellen und das Patientenwohl gewährleisten können.

Hochgefährliche Viren und Seuchenerreger: Unter welchen Bedingungen wird auf der Ostseeinsel Riems geforscht?

Das Friedrich-Löffler-Institut auf der Ostseeinsel Riems ist die älteste virologische Forschungsstätte der Welt, über 100 Jahre arbeiten Wissenschaftler hier schon an der Erforschung gefährlicher Viren, Tierseuchen und Krankheitserreger. Große Teile der Insel sind Sperrgebiet, sie hat ihre eigene Kläranlage mit geschlossenem Wasserkreislauf, das Institutsgelände ist für die Öffentlichkeit nicht zugänglich und unterliegt höchsten Sicherheitsstandards. Die Arbeit mit den Mikroorganismen und Erregern wie Ebola oder SARS wird in vier Sicherheitsbereiche von der leichtesten S1 bis zur höchsten S4 eingestuft. Im S4-Bereich haben nur 9 der fast 400 Mitarbeiter überhaupt Zutritt, das Anlegen der dreilagigen Schutzkleidung alleine dauert eine Stunde, denn hier kommen die gefährlichsten Stoffe überhaupt auf den Forschungstisch. Ein Box-in-Box-System sichert dabei gegen Unfälle, zusätzlich soll ein stetiger Unterdruck Austreten von Luft im Ernstfall verhindern. Vier Stunden maximal dürfen die Forscher im S4-Bereich arbeiten, bevor sie sich einer zweiminütigen Dusche mit Desinfektionsmittel unterziehen. Auch die Entkleidung nach getaner Arbeit dauert fast 60 Minuten.